# 확률과 통계

## (Probability Theory and Mathematical Statistics)

이현덕 지음

敎友社

# 머 리 말

이 책은 대학과정의 확률론 및 수학적 통계 입문서로 여러 가지 확률론과 수리통계학 교재, 강의록 및 참고문헌을 기본으로 하여 확률론의 기초적인 개념과 그 예, 통계적인 추론 중 모수의 추정과 가설의 검정 중 일부의 이해에 중점을 두었다.

이 책의 구성은 먼저 1장에서는 확률 공간의 구축과 확률의 여러 가지 성질, 2장에서는 조건부 확률의 성질과 Bayes의 정리, 3장에서는 사건의 독립성, 4장에서는 실 확률변수, 5장에서는 확률변수의 분포함수의 성질, 6장에서는 확률함수와 여러 가지 이산 확률분포, 7장에서는 확률 밀도함수와 여러 가지 연속 확률분포, 8장에서는 확률변수의 함수, 9장에서는 주로 두 확률변수에 대한 결합 확률분포, 10장에서는 주로 확률변수의 기댓값과 분산, 11장에서는 공분산과 상관 계수, 12장에서는 주로 두 확률변수의 독립성, 13장에서는 정규 분포의 성질, 14장에서는 Markov 부등식과 Chebyshev 부등식, 15장에서는 대수의 법칙, 16장에서는 적률 생성 함수 기법, 17장에서는 복소평면으로 확장된 특성함수의 예, 18장에서는 중심 극한정리, 19장에서는 조건부 기댓값, 20장에서는 모수의 점 추정과 신뢰구간, 21장에서는 모평균, 모분산, 모비율 등에 대한 가설의 검정 등으로 이루어져 있다.

이 책의 주요 내용은 중심 극한정리(18장), 대수의 약법칙(15장), 적률생성 함수 기법(16장)과 여러 가지 특성함수의 예(17장), 조건부 기댓값(19장), 정규 분포의 성질(13장), 분포함수와 확률 함수 및 확률 밀도함수(5장~8장), 기댓값과 분산(10장), Bayes의 정리(2장), 결합 확률분포(9장), 모평균, 모분산, 모비율 등에 대한 기초적인 추정과 가설의 검정(20~21장) 등으로 요약할 수 있다.

여러 가지 부족한 점이 매우 많으므로, 미진한 부분은 소개한 참고문헌 중 [2], [3], [4], [10], [11] 등을 주로 참조하기 바라며, 앞으로 부단히 수정 보완하여 충실한 책이 될 수 있도록 하고자 한다. 끝으로, 이 책의 출판에 적극적인 협조와 도움을 주신 교우사 사장님과 편집부 여러분께 깊이 감사드린다.

2010년 2월

저자

# 차 례

# 제1장 확률공간 (Probability Spaces)

확률 공간을 구축하고 확률의 여러 가지 성질을 이해하는 데 주안점을 둔다.

**정의 1.1**

$(\Omega, F, \mathrm{P})$ : **확률공간**

$\Omega$ : **표본공간**(sample space) : 확률적인 실험에서 얻을 수 있는 모든 가능한 결과들(outcomes)의 집합 $\neq \varnothing$.

$F$ : $\Omega$ 위의 **$\sigma$-집합체**($\sigma$-field):사건들(events)의 집합족(class).

$\mathrm{P}$ : $F \to [0, 1]$ : **확률**(probability).

▶ **참고 1.2**

(1) $F \subset \mathrm{P}(\Omega)$가 $\Omega$ 위의 $\sigma$-집합체 $\Leftrightarrow$

(a) $\Omega \in F$ ,

(b) $\mathrm{A} \in F \Rightarrow \mathrm{A}^c \in F$

(c) $\mathrm{A}_n \in F$ , $n=1, 2, \cdots \Rightarrow \bigcup_{n=1}^{\infty} A_n \in F$ .

(2) P가 ($\Omega$ , $F$ )에서 확률 $\Leftrightarrow$

(a) $\forall A \in F$ , $P(A) \geq 0$,

(b) $P(\Omega)=1$,

(c) $A_n \in F$ , $n=1,2, \cdots$ , $A_i \cap A_j = \varnothing$, $i \neq j$,

$$\Rightarrow P\left(\bigcup_{n=1}^{\infty} A_n\right)=\sum_{n=1}^{\infty} P(A_n).$$

**예제 1.3**

(1) 하나의 주사위를 던지는 시행에서 얻을 수 있는 표본공간은

$$\Omega = \{ 1, 2, 3, 4, 5, 6 \}$$

이고, 만약 random하게 던진 주사위가 공정하다(fair)면,

$P(i)=\frac{1}{6}$, $i=1, \cdots, 6$ 이다.

(2) $\Omega$가 **이산 표본공간**(discrete sample space), 즉, 유한(finite)이거나 가산(countable) 이고,

$$A \in F \Rightarrow P(A)=\sum_{\omega \in A} P(\{\omega\}).$$

**정리 1.4 확률의 성질**

(1) 임의의 사건 A에 대하여, $P(A^c) = 1 - P(A)$,

(2) 두 사건 A, B에 대하여, $A \subset B \Rightarrow P(A) \le P(B)$,

(3) 임의의 두 사건 A와 B에 대하여,

$$P(A \cup B) = P(A) + P(B) - P(A \cap B).$$

**증명**

(1) $\Omega = A \cup A^c$ 이고 $A \cap A^c = \varnothing$ 이므로,

$$1 = P(\Omega) = P(A \cup A^c) = P(A) + P(A^c)$$

따라서, $P(A^c) = 1 - P(A)$ 이다.

(2) $A \subset B$ 이므로, $B = A \cup (B \setminus A)$ 이고 $A \cap (B \setminus A) = \varnothing$

그러므로, $P(B) = P(A) + P(B \setminus A) \ge P(A)$.

(3) $A \cup B = [A \setminus (A \cap B)] \cup [A \cap B] \cup [B \setminus (A \cap B)]$ 이고

$[A \setminus (A \cap B)] \cap [A \cap B] \cap [B \setminus (A \cap B)] = \varnothing$ 이므로,

$$\begin{aligned} P(A \cup B) &= P([A \setminus (A \cap B)]) + P(A \cap B) + P([B \setminus (A \cap B)]) \\ &= P(A) - P(A \cap B) + P(A \cap B) + P(B) - P(A \cap B) \\ &= P(A) + P(B) - P(A \cap B) \end{aligned}$$

▨

### ▶ 참고 1.5 [포함-배제의 원리(Inclusion-Exclusion Principle)]

$A_k \in F$ , k=1, ⋯ , n ,

$$P(\bigcup_{k=1}^{n} A_k) = \sum_{k=1}^{n} P(A_k) - \sum_{j<k} P(A_j \cap A_k)$$

$$+ \sum_{i<j<k} P(A_i \cap A_j \cap A_k)$$

$$- \ldots + (-1)^{n+1} P(A_1 \cap A_2 \cap \cdot \cdot \cdot \cap A_n).$$

**문제 1.6**

(1) 하나의 동전(A coin)을 던져서 앞면(Heads)이 나오면 1, 뒷면(Tails)이 나오면 0으로 표시하기로 하자, 이 동전을 3번 던졌을 때, 오직 앞면이 두 번 나오는 사건 A를 구하라.

(2) 공사건(null event) $\varnothing$에 대하여, $P(\varnothing) = 0$ 임을 증명하라.

(3) 임의의 세사건, A, B, C에 대하여,

$P(A \cup 4B \cup C) = P(A) + P(B) + P(C) - P(A \cap B) - P(B \cap C) - P(A \cap C) +$

$P(A \cap B \cap C)$ 임을 증명하라.

(4) 두 사건 A와 B의 대칭차(symmetric difference)

$A \triangle B = (A - B) \cup (B - A)$에 대하여,

$P(A \triangle B) = P(A \cap B^c) + P(B \cap A^c)$

$= P(A) + P(B) - 2P(A \cap B)$임을 증명하라.

(5) 세 사건 A, B, C 에 대하여,

각각, P(A)=0.7, P(B)=0.6, P(C)=0.5, $P(A \cap B)$=0.4,

$P(B \cap C)=0.2$, $P(A \cap C)=0.3$, $P(A \cap B \cap C)=0.1$ 일 때,

$P(A^c \cap B^c \cap C)$ 를 구하라.

**풀이**

(1) $A=\{110, 101, 011\}$

(2) $1=P(\Omega)=P(\Omega \cup \varnothing)=P(\Omega)+P(\varnothing) \Rightarrow P(\varnothing)=0$

(3) $$\begin{aligned} P(A \cup B \cup C) &= P(A \cup B)+P(C)-P((A \cup B) \cap C) \\ &= P(A)+P(B)-P(A \cap B)+P(C)-P(A \cap C) \\ &\quad -P(B \cap C)+P(A \cap B \cap C) \end{aligned}$$

(4) $$\begin{aligned} P(A \triangle B) &= P((A-B) \cup (B-A)) \\ &= P(A-B)+P(B-A) \\ &= P(A \cap B^c)+P(B \cap A^c). \end{aligned}$$

$$\begin{aligned} P(A \triangle B) &= P((A-(A \cap B)) \cup (B-(A \cap B))) \\ &= P(A)-P(A \cap B)+P(B)-P(A \cap B) \\ &= P(A)+P(B)-2P(A \cap B) \end{aligned}$$

(5) (a)

$P(A \cup B)=P(A)+P(B)-P(A \cap B)=0.7+0.6-0.4=0.9$,

(b)

$$\begin{aligned} P(A \cup B \cup C) &= P(A)+P(B)+P(C) \\ &\quad -P(A \cap B)-P(B \cap C)-P(A \cap C) \\ &\quad +P(A \cap B \cap C)=(0.7+0.6+0.5) \\ &\quad -(0.4+0.2+0.3)\ +0.1=1.0 \end{aligned}$$

(c) $A\cup B\cup C=(A\cup B)\cup(A^c\cap B^c\cap C)$ 이고

$(A\cup B)\cup(A^c\cap B^c\cap C)=\varnothing$ 이므로

$$P(A^c\cap B^c\cap C)=P(A\cup B\cup C)-P(A\cup B)$$
$$=1.0-0.9=0.1$$

**정리 1.5 확률의 연속성**

(1) 사건열 $\{A_n\}$, n=1, 2, ⋯, $A_n\subset A_{n+1}$ 이고, $A=\bigcup_{n=1}^{\infty}A_n$,

즉, $A_n\nearrow A$ 이면, $\lim_{n\to\infty}P(A_n)=P(A)$,

(2) 사건열 $\{A_n\}$, n=1, 2, ⋯, $A_{n+1}\subset A_n$ 이고, $A=\bigcap_{n=1}^{\infty}A_n$,

즉, $A_n\searrow A$ 이면, $\lim_{n\to\infty}P(A_n)=P(A)$.

**증명**

(1) $B_1\equiv A_1$, $B_n\equiv A_n-A_{n-1}$, $n\ge 2$, 이라고 놓으면,

$\cup_{n=1}^{\infty}A_n=\cup_{n=1}^{\infty}B_n$ 이다.

따라서, $P(A)=P(\cup_{n=1}^{\infty}A_n)=P(\cup_{n=1}^{\infty}B_n)$

$$=\sum_{n=1}^{\infty}P(B_n)\ \left(\because B_i\cap B_j=\varnothing,\ i\neq j\right)$$

$$=\lim_{n\to\infty}\sum_{i=1}^{n}P(B_i)=\lim_{n\to\infty}P(\cup_{i=1}^{n}B_i)$$

$$=\lim_{n\to\infty} P(\cup_{i=1}^{n} A_i)$$

$$=\lim_{n\to\infty} P(A_n) \ \ (\because A_{j-1} \subset A_j,\ j=2,\ldots,n\ )$$

(2) $A_n \searrow A$ 이면 $A_n^c \nearrow A^c$ 이므로, (1)로부터, $P(A^c)=\lim_{n\to\infty} P(A_n^{c})$,

즉, $1-P(A)=1-\lim_{n\to\infty} P(A)$. 그러므로, $\lim_{n\to\infty} P(A_n)=P(A)$.

▨

## 연습문제

**1.1** $P(A)=a$, $P(B)=b$, $P(A\cap B)=c$ 일 때,

(a) $P(A\cap B^c)$

(b) $P(A^c\cap B^c)$

(c) $P(A\triangle B)$

를 각각 구하라.

정답 $a-c$, $1-(a+b-c)$, $a+b-2c$

**1.2** $P(A\cap B)\geq 1-P(A^c)-P(B^c)$ 를 증명하라.

**1.3** $P(A\cap B^c)=0.2$, $P(B^c)=0.7$ 일 때, $P(A\cup B)$를 구하라.

정답 0.5

(1.4) $A \cap B = \varnothing$ 이고, $P(A) = 0.3$, $P(B) = 0.45$ 일 때

(a) $P(A \cup B)$

(b) $P(A^c \cup B^c)$

(c) $P(A^c \cap B)$

를 각각 구하라.

정답 0.75, 1, 0.45

(1.5) 2개의 주사위를 던졌을 때, 눈의 합이 7일 사건을 A, 동전을 5번 던졌을 때 4번 앞면이 나올 사건을 B 라고 할때, P(A)와 P(B)를 각각 구하라.

정답 1/6, $\frac{5}{2^5}$

# 제2장 조건부 확률 (Conditional Probabilities)

조건부 확률을 이용하여 Bayes의 정리를 이해하고 그 예를 살펴보는데 중점을 둔다.

**정의 2.1**

$(\Omega, F, P)$가 확률공간이고, 두 사건 A, B$\in F$에 대하여,

$P(B)>0$ 일 때, 주어진 B에 대한 A의 **조건부 확률**(The conditional probability of A given B),

$$P(A \mid B)=\frac{P(A\cap B)}{P(B)}$$

이다.

▶ **참고 2.2**

$P(\cdot \mid B)$는 $(\Omega, F)$에서 확률이다.

**정리 2.3 전확률의 공식(formula of total probability)**

$\{B_1, B_2, \ldots\}$가 $\Omega$ 의 분할(partition), 즉 $B_i \cap B_j = \varnothing$, $i \neq j$,

$\bigcup_i B_i = \Omega$ 이고, $P(B_i) > 0\ \ \forall i$ 이며, $A \in F$ 에 대하여,

$$P(A) = \sum_i P(A \cap B_i) = \sum_i P(A \mid B_i)P(B_i)\ .$$

**증명**

$A = \cup_i (A \cap B_i)$ 이고, $(A \cap B_i) \cap (A \cap B_j) = \varnothing$, $i \neq j$ 이므로

$$P(A) = P(\cup_i (A \cap B_i)) = \sum_i P(A \cap B_i) = \sum_i P(B_i)P(A \mid B_i).$$ ▨

**정리 2.4 연쇄법칙(chain rule or multiplicative rule)**

(1) 임의의 두 사건 A, B에 대하여,

$P(A \cap B) = P(A)\ P(B \mid A) = P(B)\ P(A \mid B)$,

(2) 임의의 세 사건 A, B, C에 대하여,

$P(A \cap B \cap C) = P(A)\ P(B \mid A)\ P(C \mid A \cap B)$.

**정리 2.4 Bayes의 정리**

$\{B_i\}$가 $\Omega$의 분할이고, A가 P(A) > 0 인 임의의 사건일 때,

$$P(B_i \mid A) = \frac{P(A \mid B_i)P(B_i)}{\sum_j P(A \mid B_j)P(B_j)}.$$

**증명**

$$P(B_i \mid A) = \frac{P(A \cap B_i)}{P(A)} = \frac{P(B_i)P(A \mid B_i)}{\sum_j P(B_j)P(A \mid B_j)}$$ ▨

**문제 2.7**

(1) 내일 비가 올 확률이 0.4 이고, 눈이 올 확률이 0.6 이며, 비가 온다면 지각할 확률이 0.2 이고, 눈이 온다면 지각할 확률이 0.6 일 때, 지각할 확률을 구하라.

(2) P(A)=0.7, P(B)=0.6, P(C)=0.5, $P(A \cap B)$=0.4, $P(B \cap C)$=0.2, $P(A \cap C)$=0.3, $P(A \cap B \cap C)$=0.1 일 때, $P(A \cup B)$, $P(A \cup B \cup C)$, $P(A^c \cap B^c \cap C)$, $P(A \mid B)$, $P(A \mid A \cup B)$, $P(A^c \cap B^c \cap C \mid A \cup B)$를 구하라.

(3) (1)에서, 지각한 조건하에서 눈이 왔을 확률을 구하라.

(4) 항아리에서 공정한 주사위(F)와 불공정한 주사위(B)를 꺼낼 확률은 각각 동일하게(equally likely) 0.5 이고,

$P(\{6\} \mid F) = \frac{1}{6}$, $P(\{6\} \mid B) = 0.5$ 일 때,

주사위를 한번 던져 6의 눈이 나온 상황에서, 그 주사위가 공정한 주사위일 확률을 구하라.

**풀이**

(1) 비가 올 확률을 P(R), 눈이 올 확률을 P(S), 지각할 확률을 P(L)이라고 하면,

$$\begin{aligned} P(L) &= P(R \cap L) + P(S \cap L) \\ &= P(R)P(L \mid R) + P(S)P(L \mid S) \\ &= 0.4 \times 0.2 + 0.6 \times 0.6 = 0.44 \end{aligned}$$

(2) 문제 1.6.(5)에 의하여

$P(A \cup B) = 0.9$, $P(A \cup B \cup C) = 1.0$

$P(A^c \cap B^c \cap C) = 0.1$ 이다.

$$P(A \mid B) = \frac{P(A \cap B)}{P(B)} = \frac{0.4}{0.6} = \frac{2}{3},$$

$$P(A \mid A \cup B) = \frac{P(A)}{P(A \cup B)} = \frac{7}{9},$$

$(A^c \cap B^c \cap C) \subset (A^c \cap B^c) = (A \cup B)^c$,

$(A^c \cap B^c \cap C) \cap (A \cup B) = \varnothing$ 이므로,

$P(A^c \cap B^c \cap C) \mid A \cup B) = 0$

(3) $$P(S \mid L) = \frac{P(S \cap L)}{P(L)} = \frac{P(S)P(L \mid S)}{P(L)} = \frac{0.6 \times 0.6}{0.44} = \frac{9}{11}$$

(4) $$P(F \mid \{6\}) = \frac{\frac{1}{2} \times \frac{1}{6}}{\frac{1}{2} \times \frac{1}{6} + \frac{1}{2} \times \frac{1}{2}} = 1/4.$$

## 연습문제

(2.1) 검은 공 1개와 흰 공 2개가 들어있는 상자에서, 2개의 공을 비복원 추출 할 때, 2번째 추출에서 검은 공을 뽑을 확률은 얼마인가?

정답 1/3

(2.2) 사건 A와 B가 서로 독립이고,

$$P(A \cap B)=0.16,\ \ P((A \cup B)^c)=0.36$$

일 때, P(A) + P(B) 를 구하라.

정답 0.80

(2.3) $P(B \mid A)+P(B^c \mid A)=1$ 임을 증명하라.

(2.4) 임의의 n개의 사건, $A_1, \cdots, A_n$ 에 대하여, 다음을 증명하라.

$$P(A_1 \cap A_2 \cap \cdots \cap A_n)$$
$$= P(A_n \mid A_1 \cap \cdots \cap A_{n-1})P(A_{n-1} \mid A_1 \cap \cdots \cap A_{n-2})$$
$$\cdots P(A_2 \mid A_1)P(A_1).$$

# 제3장 독립성 (Independence)

사건들의 독립성에 대하여 알아본다.

**정의 3.1**

두 사건 A와 B가 **서로 독립이다**(independent) $\Leftrightarrow$ $P(A \cap B)=P(A)P(B)$.

**예제 3.2**

(1) $\Omega = \{ 1, 2, 3, 4 \}$, $P(\{i\})=\frac{1}{4}$, $i=1, 2, 3, 4$. $A=\{1, 2\}$, $B=\{1, 3\}$

이면, $P(A)=P(B)=1/2$, $P(A \cap B)=1/4$ 이므로,

$$P(A \cap B)=1/2 \times 1/2 = P(A)P(B)$$

이다. 따라서 A와 B는 서로 독립 이다.

(2) 오늘 비올 확률이 0.3, 내일 비올 확률이 0.4, 오늘과 내일 비올 확률이 0.2, 오늘 또는 내일 비올 확률이 0.5 일 때, 오늘 비올 사건을 A, 내일 비올 사건을 B 라고 하면, A와 B는 서로 독립이 아니다. 왜냐하면,

$$0.2 = P(A \cap B) \neq P(A)P(B) = 0.12$$

**정리 3.3**

두 사건 A와 B가 서로 독립이면,

(1) A와 $B^c$

(2) $A^c$과 B

(3) $A^c$과 $B^c$

도 각각 서로 독립 이다.

**증명**

(1) A와 B가 서로 독립이면,

$$P(A \cap B^c) = P(A-B) = P(A)-P(A \cap B)$$

$$= P(A)-P(A)P(B)=P(A)(1-P(B))=P(A)P(B^c),$$

그러므로, A와 $B^c$도 서로 독립이다. ▨

**문제 3.4**

정리 3.3의 (2)와 (3)을 증명하라.

**정의 3.5**

(1) 사건의 집합 $\{A_i\}$, $i \in I$,에서 임의의 서로 다른 한 쌍의 사건,

$$(A_i, A_j)(i \neq j)$$

들이 서로 독립이면, 사건들은 쌍으로 독립(pairwise independent) 이라고 부른다.

(2) 사건의 집합 $\{A_i\}$, $i \in I$ 의 임의의 유한 부분집합 $\{A_{i_1}, \cdots, A_{i_n}\}$ 에 대하여, $P(\bigcap_{j=1}^{n} A_{i_j}) = \prod_{j=1}^{n} P(A_{i_j})$ 이면 사건의 집합 $\{A_i\}$, $i \in I$ 가 서로 독립이라고 한다.

**예제 3.6**

(1) 예제 3.2에서, C={1,4} 라고 하면, {A, B, C}는 쌍으로 독립이지만, 서로 독립은 아니다.

(2) $\Omega = \{1, 2, 3, 4, 5, 6, 7, 8\}$, $P(\{j\})=1/8$, $j=1, \cdots, 8$,

A={ 1, 3, 5, 7 }, B={ 4, 5, 6, 7 }, C={ 2, 3, 6, 7 }

이면, { A, B, C }는 서로 독립이다.

**풀이** (1) P(A)=1/2, P(B)=1/2, P(C)=1/2,

$$P(A \cap B) = \frac{1}{4},\ P(B \cap C) = \frac{1}{4},\ P(A \cap C) = \frac{1}{4},$$

$P(A\cap B\cap C)=\dfrac{1}{4}$ 이므로, $P(A\cap B)=P(A)P(B)$,

$P(B\cap C)=P(B)P(C)$, $P(A\cap C)=P(A)P(C)$ 이지만,

$\dfrac{1}{4}=P(A\cap B\cap C)\neq P(A)P(B)P(C)=\dfrac{1}{8}$ 이다.

(2) (1)과 같은 방법으로, $P(A\cap B)=P(A)P(B)$, $P(B\cap C)=P(B)P(C)$, $P(A\cap C)=P(A)P(C)$, $P(A\cap B\cap C)=P(A)P(B)P(C)$ 이므로, $\{A, B, C\}$는 서로 독립이다.

## 연습문제

(3.1) 사건 A와 B가 서로 독립이면, $P(A \cap B \mid C) = P(A \mid C)P(B \mid C)$ 인가?

**정답** 사실이 아님

(3.2) 임의의 n개의 서로 독립인 사건, $A_1, \cdots, A_n$에 대하여, 다음을 증명하라.

$$P(A_1 \cup A_2 \cup \cdot \cdot \cdot \cup A_n) = 1 - \prod_{i=1}^{n}(1 - P(A_i)).$$

(3.3) 임의의 n개의 서로 독립인 사건, $A_1, \cdots, A_n$에 대하여, $P(A_i) = p$, i=1, 2, ⋯, n 일 때, $P(\cup_{i=1}^{n} A_i)$ 를 구하라.

**정답** $1-(1-p)^n$

# 제4장 확률변수 (Random Variables)

**정의 4.1**

함수 $X : (\Omega, F, P) \to (\mathbf{R}, B^1, P_X)$, $\omega \in \Omega \mapsto X(\omega) = x \in \mathbf{R}$ 이 (실)**확률변수** (real random variable) $\Leftrightarrow \forall B \in B^1$, $X^{-1}(B) \in F$.

▶ **참고 4.2**

정의 4.1에서

(1) $B^1$ 은 $\mathbf{R}$에서 모든 개구간을 포함하는 가장 작은 $\sigma$-집합체($\sigma$-field)로 정의되고, 그 원소 집합 B를 **Borel 집합** 이라고 부른다.

(2) $P_X = P \circ X^{-1} \equiv P(X^{-1}) : (\mathbf{R}, B^1) \longrightarrow [0, 1]$ 은 확률변수 X에 의해서 유도된(induced) **확률분포**(probability distribution)라 한다.

**정의 4.3**

사건 A의 **지시확률변수**(indicator) $I_A$는 $\omega \in A$ 이면, $I_A(\omega) = 1$ 이고, $\omega \notin A$ 이면, $I_A(\omega) = 0$, 으로 정의되는 확률변수(r.v.) 이다, 즉 사건

A가 일어나면, $I_A(\omega)=1$ 이고, 사건 A가 일어나지 않으면, $I_A(\omega)=0$ 이다.

**예제 4.4**

Bernoulli 시행(trials)에서, $X_i=I_{E_i}$, $E_i$는 $i$번째 시행에서 성공할 사건, 로 정의하면, 즉 $i$번째 시행에서 성공하면, $X_i = 1$, 실패하면, $X_i = 0$ 일 때, 처음 $n$번 시행에서 성공할 총수(total number)를 확률변수 $Y_n$으로 정의하면, $Y_n = \sum_{i=1}^{n} X_i$ 로 표현된다.

**정리 4.5**

A와 B가 임의의 사건이고, $A^c$를 A의 **여사건**을 나타내면,

(1) $I_{A^c} = 1-I_A$ ,

(2) $I_{A\cap B} = I_A I_B$ ,

(3) $I_{A\cup B} = I_A + I_B - I_{A\cap B}$ 이다.

**예제 4.6**

(1) 공정한 하나의 동전을 3번 던지는 시행에서 앞면(H)이 나오는 횟수를 확률변수 X 라고 하면, 표본공간

$\Omega$ = { HHH, HHT, HTH, THH, HTT, THT, TTH, TTT } 이고,

X({HHH})=3, X({HHT})=X({HTH})=X({THH})=2,

X({HTT})=X({THT})=X({TTH})=1, X({TTT})=0 이므로

$P_X(\{0\})=P(X=0)=P(\{TTT\})=1/8$,

$P_X(\{1\})=P(X=1)=P(\{HTT, THT, TTH\})=3/8$,

$P_X(\{2\})=P(X=2)=P(\{HHT, HTH, THH\})=3/8$,

$P_X(\{3\})=P(X=3)=P(\{HHH\})=1/8$.

(2) $\Omega = (0, 1]$, $\mathcal{B}$ 는 모든 구간 (a, b] ($0 < a < b \leq 1$)를 포함하는 가장 작은 $\sigma$−집합족, P 을 $\mathcal{B}$ 위의 확률(Borel−Lebesgue 측도) 이면, ( (o, 1], $\mathcal{B}$ , P )은 확률공간이고, X : (0, 1] ⟶ **R**, $X(\{\omega\})=\omega$ 로 정의하면, X는 확률변수이고, 임의의 (a, b]⊂R 에 대하여, $P_X((a,b]) = P(a < X \leq b)$=구간 (a, b]∩(0, 1] 의 길이이다.

**정의 4.7**

(1) X가 **이산 확률변수** ⇔ ∃가산집합 $B \subset \mathbf{R}$ : $P(X \in B) = 1$.

(2) X가 **연속 확률변수** ⇔ X의 치역이 연속체(continuum) ⇔ $P(X=x)=0$.

## 연습문제

(4.1) 공정한 주사위 하나를 독립적으로 2번 던지는 확률적 실험에서, 두 눈의 합과 두 눈의 최대값을 각 각 확률변수 S와 M이라고 하면, 사건 A={ S=7 , M=4}를 원소로 표시하고 P(A)도 구하라.

**정답** A={(3,4),(4,3)} P(A)=1/18

(4.2) 공정한 동전을 3번 던지는 시행에서, 앞면이 나올 수를 확률변수 X 라고 할 때, P(X=2) 를 구하라.

**정답** 3/8

# 제5장 분포 함수 (Distribution Functions)

**정의 5.1**

확률공간 $(\Omega, F, P)$위의 확률변수 X에 대하여,

$F_X(x) = P(X \leq x) = P(\{\omega : X(\omega) \leq x\})$, $x \in \mathbf{R}$ 이면,

$F_X$를 X의 **분포함수**(distribution function)라고 부른다.

**정리 5.2**

$F_X \equiv F$를 확률변수 X의 분포함수라면,

(1) $x \leq y \Rightarrow F(x) \leq F(y)$, 즉 F는 비감소(non-decreasing)함수이고,

(2) $\lim_{x \to -\infty} F(x) = 0$ , $\lim_{x \to \infty} F(x) = 1$,

(3) $\lim_{y \downarrow x} F(y) = F(x)$, 즉 F는 모든 x의 우측으로부터 연속이다 (continuous from the right for every x).

**증명**

(1) $x \leq y \Rightarrow \{\omega : X(\omega) \leq x\} \subset \{\omega : X(\omega) \leq y\} \Rightarrow F(x) \leq F(y)$.

(2) 축소사건들(nested events) $\{ \omega : X(\omega) \le -n , n \ge 0 \}$의 곱(intersection)은 공사건 $\varnothing$(null event) 이므로,

$$\lim_{n\to\infty} F(-n) = \lim_{n\to\infty} P(\{ \omega : X(\omega) \le -n \}) = 0 \Rightarrow \lim_{x\to-\infty} F(x) = 0.$$

같은 방법으로, $\lim_{x\to\infty} F(x) = 1$을 알 수 있다.

(3) 축소사건들(nested events) $\{ \omega : x < X(\omega) \le x+1/n , n \ge 0 \}$의 곱(intersection)은 공사건 $\varnothing$(null event) 이므로,

$$\lim_{n\to\infty} (F(x+\frac{1}{n}) - F(x)) = \lim_{n\to\infty} P(\{\omega : x < X(\omega) \le x+1/n \}) = 0.$$

그러므로, $\lim_{y \downarrow x} F(y) = F(x)$. ▨

**예제 5.3**

(1) $P(X=1)=1/2$, $P(X=2)=1/3$, $P(X=3)=1/6$ 일 때 X의 분포함수 $F(x) = \sum_{t \le x} P(X=t)$ 이므로, $x < 1$ 일 때, $F(x)=0$ 이고 $1 \le x < 2$ 일 때, $F(x)=1/2$, $2 \le x < 3$ 일 때, $F(x)=5/6$, $3 \le x$ 일 때, $F(x)=1$ 이다.

(2) $P(a < X \le b) = \int_a^b f(x)dx$, $(0 < a < b < 1)$ 이고, $a < x < b$ 일 때, $f(x)=1/(b-a)$, 그 이외의 구간에서는, $f(x)=0$ 일 때 X의 분포함수 $F(x) = \int_{-\infty}^{x} f(u)du$ 이므로, $x \le a$ 일 때, $F(x)=0$, $a < x < b$ 일 때, $F(x) = \frac{x-a}{b-a}$, $x \ge b$ 일 때, $F(x)=1$.

## 연습문제

**5.1** 이산 확률변수 X에 대하여, $X(\omega)=-1,\ 0,\ 1$ 이고, $P(X=-1)=1/4$, $P(X=0)=1/2$, $P(X=1)=1/4$ 일 때, $F_X(x)$, $x=-1,\ 0,\ 1$ 를 각각 구하라.

**정답** 1/4, 3/4, 1

**5.2** 확률 변수 X의 분포함수 F 가

$F(x)=0,\ x \le a,\ F(x)=\dfrac{x-a}{b-a},\ a \le x \le b,\ F(x)=1,\ x \ge b$ 일 때

(a) $P(X \le \dfrac{2a+b}{3})$ 를 구하라.

(b) $a=-3,\ b=4$ 일 때, $P(|X| \le \dfrac{1}{2})$ 를 구하라.

**정답** 1/3, 1/7

**5.3** 확률 변수 X의 분포함수 F 가 $F(x)=1-e^{-x}$ , $0 \le x < \infty$ 일 때, $P(X > 10)$를 구하라.

**정답** $e^{-10}$

**5.4** 연속 확률변수 X의 확률 밀도함수(p.d.f.)가 $f_X(x)=|x|$, $-1 \le x \le 1$ 일 때, X의 분포 함수 $F_X$ 를 구하라.

**정답** $F_X(x)=\dfrac{1}{2}-\dfrac{x^2}{2},\ -1<x<0,\ F_X(x)=\dfrac{1}{2}+\dfrac{x^2}{2},$
$0<x<1,\ F_X(x)=1,\ x>1$

# 제6장 이산 확률변수 (Discrete Random Variables)

**정의 6.1**

X가 이산 확률변수 일 때, X의 **확률함수**(또는 **확률 질량함수**) p : $p(x)=P(X=x)$ 로 정의하고, X의 분포함수 F : $F(x)=\sum_{u \le x} p(u)$ 로 정의된다.

▶ **참고 6.2**

(1) $\Omega$ : 이산 $\Rightarrow$ $p(x)=P(X=x)$ : X의 확률함수

$\Rightarrow$ $p(x) \ge 0$ , $\sum_{x} p(x)=1$

(2) $\Omega$ : 이산, $C \in \mathcal{F}$ $\Rightarrow P(C)=\sum_{x : X(\omega)=x, \omega \in C} p(x)$.

**정의 6.3**

(1) 확률변수 X가 **Bernoulli 확률변수**(r.v.),

$X \sim B(1,p)$,

$\Leftrightarrow$ X 의 확률함수 p : $p(1)=p,\ p(0)=1-p,\ 0 < p < 1$ .

(2) 확률변수 X가 모수 (n, p) 인 **이항확률변수**,

$X \sim B(n,p),\ 0 < p < 1$,

$\Leftrightarrow$ X 의 확률함수 p : $p(x)=\binom{n}{x}p^x(1-p)^{n-x}$ , $x=0,\ 1,\ \cdots,\ n$.

(3) 확률변수 X가 모수 p 인 **기하학적 확률변수**,

$X \sim G(p),\ 0 < p < 1$,

$\Leftrightarrow$ X 의 확률함수 p : $p(x)=p(1-p)^{x-1}$, $x=1,\ 2,\ .\ .\ .$

(4) 확률변수 X가 모수 $\lambda$, ($\lambda > 0$ ) 인 **Poisson 확률변수**, $X \sim P(\lambda)$,

$\Leftrightarrow$ X 의 확률함수 p : $p(x)=\dfrac{e^{-\lambda}\lambda^x}{x!}$, $x=0,\ 1,\ .\ .\ .$

(5) 확률변수 X가 모수 (r, p) 인 **음이항 확률변수**, $X \sim NB(r,p)$,

$0 < p < 1$

$\Leftrightarrow$ X 의 확률함수 p : $p(x)=\binom{x-1}{r-1}p^r(1-p)^{x-r}$, $x \geq r$.

(6) 확률변수 X가 **초기하 확률변수**, $X \sim HG(N,M,n)$

$\Leftrightarrow$ X 의 확률함수 p : $p(x)=\dfrac{\binom{M}{x}\binom{N-M}{n-x}}{\binom{N}{n}}$ $x=0,\ 1,\ \cdots,\ \min(n,\ M)$.

**정리 6.4**

(1) $X_i \sim B(1,p),\ Y=\sum_{i=1}^{n} X_i \Rightarrow Y \sim B(n,p).$

(2) [이항분포에 대한 Poisson 근사화(Poisson approximation to Binomial distributions)] : 상당히 큰 n과 아주 작은 p를 갖는 이항분포, $X \sim B(n,p)$, 작은 k에 대하여, $P(X=k) \approx \frac{e^{-\lambda}\lambda^k}{k!}$, $\lambda = np$. 여기서, $\lambda = np$ 는 $n$번 시행에서 성공할 평균회수.

**예제 6.5**

(1) $X \sim G(p)$ 일 때, $P(X > k) = (1-p)^k$ 이다.

**풀이** 
$$P(X > k) = \sum_{n=k+1}^{\infty} P(X=n) = \sum_{n=k+1}^{\infty} p(1-p)^{n-1}$$
$$= p(1-p)^k\{1+(1-p)+(1-p)^2+\cdots\}$$
$$= p(1-p)^k \frac{1}{1-(1-p)} = (1-p)^k.$$

(2) 제품 생산시 불량률이 4% 이고, n=500개의 상품을 random하게 택하여, 그 중에 불량품이 하나 발견할 확률의 근사값을 구하라.

**풀이** $X \sim B(500, 0.04)$ 이므로, $\lambda = np = 500 \times 0.04 = 20$이고,

$P(X=k) \approx \frac{e^{-\lambda}\lambda^k}{k!}$ 이므로, $P(X=1) \approx 20e^{-20}$.

(3) 전화 교환수가 평균적으로 한 시간에 5번의 전화를 받는다. 커피를 마실려고 10분간의 휴식을 취할 때 누군가가 전화를 걸어올 가능성은 얼마인가?

**풀이** 시간당 5번 이므로 10분당 5/6 이다.

즉 $X \sim P(\frac{5}{6})$ $P(X \geq 1)=1-P(X=0)=1-e^{-\frac{5}{6}}$.

## 연습문제

6.1 X가 이산 확률변수이고, X의 확률함수 $p(x) > 0$ 일 때, X의 분포 함수를 F 라고 하면, $F(x)=P(X < x)+p(x)$ 임을 증명하라.

6.2 이산 확률변수 X가 모수가 p ($0 < p < 1$)인 기하분포를 가질 때, $n \geq 0$ 에 대하여, $P(X > n) = (1-p)^n$ 임을 증명하라.

6.3 $X \sim P(\lambda)$ 일 때,

(a) $\dfrac{P(X=n+1)}{P(X=n)}$ 를 구하라.

(b) $\sum_{n=0}^{\infty} P(X=2n)$ 을 구하라.

정답 $\dfrac{\lambda}{n+1}$, $\dfrac{1+e^{-2\lambda}}{2}$

6.4 $X \sim P(\lambda)$ 이고, $P(X=0)=0.00012$ 일 때 모수 $\lambda$ 를 구하라.

정답 $\lambda \approx 9$

6.5 $X \sim B(n=10, p=0.2)$ 일 때, $P(X \geq 2)$를 구하라.

정답 0.623

6.6 $X \sim B(n=10, p=0.2)$ 일 때, $P(X \geq 2 \mid X \geq 1)$을 구하라.

정답 0.698

# 제7장 연속 확률변수 (Continuous Random Variables)

**정의 7.1**

X가 **연속 확률변수**(continuous r.v.) $\Leftrightarrow$ $\forall x \in \mathbf{R}$, $P(X=x)=0$.

▶ **참고 7.2**

(1) X가 연속 확률변수, $P(a < X \leq b)$

$=P(X \leq b)-P(X \leq a)=F(b)-F(a)$

(2) X가 연속 확률변수,

$$P(a<X\leq b)=\int_a^b f(x)dx,\quad f=F',$$

$$f \geq 0\ ,\ \int_{-\infty}^{\infty} f(x)dx=1 \Rightarrow f$$

를 X의 **확률 밀도함수** (p.d.f.) 라고 부른다.

**예제 7.3**

X가 **확률 밀도함수** $f(x)=cx,\ 1 < x < 2$를 가질 때, 상수 c를 구하라.

**정답** $c=\frac{2}{3}$

**정의 7.4**

(1) 연속 확률변수 X가 구간 (a, b)에서 **균등 분포**(uniform distribution)를 갖는다, 즉 $X \sim U(a,b)$, ⇔ X의 확률 밀도함수 $f$ : $f(x)=1/(b-a)$, $a < x < b$, $f(x)=0$, 그이외의 구간.

(2) 연속 확률변수 X가 모수가 $\lambda > 0$인 **지수 분포**(exponential distribution)를 갖는다, 즉 $X \sim E(\lambda)$, ⇔ X의 확률 밀도함수 $f$ : $f(x)=\lambda e^{-\lambda x}$, $0 < x < \infty$.

(3) 연속 확률변수 X가 모수가 $(\mu, \sigma^2)$인 **정규 분포**(normal distribution)를 갖는다, 즉 $X \sim N(\mu,\sigma^2)$, X의 확률 밀도함수

$$f : f(x)=\frac{1}{\sqrt{2\pi}\,\sigma}\, e^{-\frac{(x-\mu)^2}{2\sigma^2}}, \quad -\infty < x < \infty.$$

(4) 연속 확률변수 X가 모수가 $(\alpha,\lambda)$, $\alpha > 0, \lambda > 0$, 인 **gamma 분포**(gamma distribution)를 갖는다, 즉 $X \sim \Gamma(\alpha,\lambda)$, ⇔ X의 확률 밀도함수

$$f : f(x)=\frac{\lambda^\alpha}{\Gamma(\alpha)} x^{\alpha-1} e^{-\lambda x}, \quad 0 < x < \infty,$$

여기서, $\Gamma(\alpha) = \int_0^\infty x^{\alpha-1} e^{-x} dx$ 로 정의되는 gamma 함수이다.

(5) 연속 확률변수 X가 자유도(degree of freedom) n인 **카이제곱 분포**($\chi^2$ distribution)를 갖는다, 즉 $X \sim \chi^2(n)$, ⇔ $X \sim \Gamma(\frac{n}{2}, \frac{1}{2})$

$\Leftrightarrow$ X의 확률 밀도함수 f : $f(x)=\dfrac{1}{2^{\frac{n}{2}}\Gamma(\frac{n}{2})}x^{\frac{n}{2}-1}e^{-\frac{x}{2}}$, $0 < x < \infty$.

(6) 연속 확률변수 X가 Cauchy 분포를 갖는다 $\Leftrightarrow$ X의 확률 밀도함수

f : $f(x)=\dfrac{1}{\pi}\dfrac{1}{1+x^2}$ , $-\infty < x < \infty$.

(7) 연속 확률변수 X가 자유도 n, $(n\in\mathbf{N})$인 t 분포(t distribution)를 갖는다. 즉 $X \sim t(n)$, $\Leftrightarrow$ X의 확률 밀도함수

$$f : f(x) = \frac{\Gamma(\frac{n+1}{2})}{\sqrt{n\pi}\,\Gamma(\frac{n}{2})}\frac{1}{(1+\frac{x^2}{n})^{\frac{n+1}{2}}}, \quad -\infty < x < \infty.$$

(8) 연속 확률변수 X가 모수가 $(\alpha,\beta)$, $(\alpha>0,\beta>0)$인 beta 분포를 갖는다, 즉 $X \sim B(\alpha,\beta)$ $\Leftrightarrow$ X의 확률 밀도함수

$$f : f(x)=\frac{\Gamma(\alpha+\beta)}{\Gamma(\alpha)\Gamma(\beta)}x^{\alpha-1}(1-x)^{\beta-1}, \quad 0 < x < 1.$$

▶ **참고 7.5**

(1) $X \sim N(\mu,\sigma^2)$, $Z=\dfrac{X-\mu}{\sigma}$, $W=(\dfrac{X-\mu}{\sigma})^2$

$\Rightarrow Z \sim N(0,1^2)$, $W \sim \chi^2(1)$.

(2) Beta 함수 : $B(\alpha,\beta)=\displaystyle\int_0^1 x^{\alpha-1}(1-x)^{\beta-1}dx$, $\alpha>0,\beta>0$

로 정의될 때, $B(\alpha,\beta)=\dfrac{\Gamma(\alpha)\Gamma(\beta)}{\Gamma(\alpha+\beta)}$ .

(3) $Z \sim N(0,1^2)$, Z의 분포함수

$$\Phi : \Phi(x) = \int_{-\infty}^{x} \frac{1}{\sqrt{2\pi}} e^{-\frac{u^2}{2}} du \ , \ \Rightarrow \Phi(-x) = 1 - \Phi(x).$$

**예제 7.6**

(1) $X \sim U(0,1)$, 임의의 연속인 분포함수 F에 대하여,

확률변수 $Y=F^{-1}(X)$의 분포함수는 F이다.

$0 < u < 1$, $P(X \le u) = u$ 이므로,

$P(Y \le y) = P(F^{-1}(X) \le y) = P(X \le F(y)) = F(y)$.

(2) $\Gamma(\alpha+1) = \alpha\Gamma(\alpha)$, $\Gamma(n+1) = n!$ , $\Gamma(\frac{1}{2}) = \sqrt{\pi}$.

(3) $X \sim N(2,5^2)$,

$P(0 < X \le 10) = P(\frac{0-2}{5} < \frac{X-2}{5} \le \frac{10-2}{5})$

$= P(-0.4 < Z \le 1.6)$, $Z = \frac{X-2}{5} \sim N(0,1^2)$

$= \Phi(1.6) - \Phi(-0.4)$, $\Phi$는 표준 정규 분포함수

$= \Phi(1.6) - \{1 - \Phi(0.4)\} = 0.945 - (1 - 0.655) = 0.600$ .

## 연습문제

**7.1** 연속 확률변수 X가 모수 $\lambda = 0.25$인 지수 분포를 가질 때, $P(X > 5)$=?

정답 $P(X > 5) = 1 - P(X \le 5) = e^{-0.25 \cdot 5} = e^{-1.25} = 0.2865$

**7.2** $Z \sim N(0, 1^2)$ 일 때, $x > 0$ 에 대하여, $P(Z \le x) > 0.5$ 임을 증명하라.

**7.3** 연속 확률변수 X의 분포 함수 F가 $F(x) = x^2$ , $0 \le x \le 1$ 로 주어졌을 때, $P(\frac{1}{2} < X \le \frac{3}{4})$ 를 구하라.

정답 $\frac{5}{16}$

(7.4) 연속 확률변수 X의 분포함수 F가 $F(x)=\frac{x}{1+x}$, $0 \le x < \infty$, 일 때

(a) X의 확률 밀도함수(p.d.f.) $f_X \equiv f$를 구하라.

(b) $P(X \le a)=\frac{1}{2}$ 인 상수 a를 구하라.

**정답** $f(x)=\frac{1}{1+x^2}$, $0 \le x < \infty$, a=1

(7.5) $X \sim U(a,b)$ 일 때,

(a) X의 분포함수 F를 구하라.

(b) a=−b, b>0 일 때, $P(X < 1)=3P(X > 1)$를 만족하는 상수 b를 구하라.

**정답** $F(x)=\frac{x-a}{b-a}$, $a < x < b$, F(x)=1, $x > b$, b=2

(7.6) $X \sim E(\lambda)$ 일 때 X의 분포함수 F를 구하라.

**정답** $F(x)=\int_0^x \lambda e^{-\lambda u}du = 1-e^{-\lambda x}$, $0 \le x < \infty$

# 제8장 확률변수의 함수 (Functions of Random Variables)

**정의 8.1**

X가 연속 확률변수 이고, G : **R** → **R** : 연속함수 일 때,

Y=G(X)=G ∘ X 도 확률변수인데 이때 Y를 **확률변수의 함수**라고 한다.

**예제 8.2**

$X \sim U(-1,1)$, 즉 $f_X(x)=1/2$, $-1 < x < 1$, $f_X(x)=0$, 그 이외의 구간

: X의 p.d.f. , $Y=X^2$으로 정의하면

$$Y\text{의 p.d.f. } g_Y(y)=\frac{1}{2\sqrt{y}},\ 0 < y < 1,\quad g_Y(y)=0,$$

그 이외의 구간이다.

$\because y \geq 0$ 일 때, Y의 분포함수를 G(y)라고 하면

$$G(y)=P(Y \leq y)=P(X^2 \leq y)=P(-\sqrt{y} \leq X \leq \sqrt{y})$$

이므로, $y<0$ 일 때, $G(y)=0$, $0 \leq y < 1$ 일 때,

$G(y)=\int_{-\sqrt{y}}^{\sqrt{y}} \frac{1}{2}dx = \sqrt{y}$, $1 \le y$ 일 때는, $G(y)=1$ 이다.

따라서, Y의 확률 밀도함수(p.d.f.) $g(y)=G'(y)$($g(y)$가 연속인 모든 점에서) : $g(y) = \frac{1}{2\sqrt{y}}$ , $0 < y < 1$, $= 0$ 그 밖의 구간(elsewhere).

**정리 8.3**

X 가 연속 확률변수 이고 $G: \mathbf{R} \longrightarrow \mathbf{R}$ ;임의의 단조(monotone) 연속함수이면, $Y=G(X)$의 확률 밀도함수 $f_Y$, X의 확률 밀도함수

$$f_X \Rightarrow f_Y(y) = f_X(x) \left| \frac{dx}{dy} \right|, y = G(x) \text{ 이다.}$$

**문제 8.4**

X의 p.d.f. $f_X$ : $f_X(x)=\frac{1}{x^2}$, $x \ge 1$, $f_X(x)=0$, $x < 1$, 일 때 $Y=e^{-X}$ 의 p.d.f. $f_Y$를 구하라.

**풀이** $y = e^{-x}$ 이므로, $x = -\ln y$ 이고 $f_Y(y) = f_X(x)\left|\frac{dx}{dy}\right|$ 이다.

따라서 $f_Y(y)=\frac{1}{y(\ln y)^2}$, $0 \le y \le \frac{1}{e}$, $= 0$, 그 이외의 구간.

## 연습문제

(8.1) 연속 확률변수 X의 확률 밀도함수 $f_X$ 가

$$f_X(x) = \frac{1}{\pi}\frac{1}{1+x^2}, \quad -\infty < x < \infty$$

로 주어졌을 때, $Y=\frac{1}{X}$의 확률 밀도함수 $f_Y$ 를 구하라.

정답 $f_Y(y) = \frac{1}{\pi}\frac{1}{1+y^2}$ , $-\infty < y < \infty$

(8.2) 두 확률변수 X와 Y가 서로독립인 표준 정규분포 $N(0, 1^2)$을 가질 때, $W=X^2+Y^2$의 확률 분포를 구하라.

정답 $W \sim \chi^2(2)$

(8.3) 연속 확률변수 X의 p.d.f. 가

$$f_X(x) = \frac{1}{2}e^{-|x|}, \quad -\infty < x < \infty$$

일 때, $Y = X^2$ 의 p.d.f. $f_Y$ 를 구하라.

정답 $f_Y(y) = \frac{e^{-\sqrt{y}}}{2\sqrt{y}}$, $0 \le y < \infty$

# 제9장 결합 확률분포 (Joint Probability Distributions)

**정의 9.1**

(1) 확률변수 X와 Y의 **결합 확률 분포함수**(joint probability distribution function)를 $F(\cdot,\cdot) : \mathbf{R}^2 \longrightarrow [0,\ 1]$ 라고 하면, $F(x,y) = P(X \le x,\ Y \le y),\ -\infty < x,y < \infty$.

(2) $\exists\ f(\cdot,\cdot)$: 함수가 $F(x,y) = \int_{-\infty}^{y}\int_{-\infty}^{x} f(u,v)dudv$, $f(x,y) = \dfrac{\partial^2 F(x,y)}{\partial x \partial y}$를 만족하면 $\Rightarrow$ $f(x,y)$를 X와 Y의 **결합 확률 밀도함수**(joint probability density function) 라고 한다.

(3) X와 Y가 이산 확률변수 일 때, X와 Y의 **결합 확률 함수**(joint probability function)를 $p(x,y)$라고 하면, $p(x,y)=P(X=x,\ Y=y)$로 정의되고, $p(x,y) \ge 0$, $\sum_{y}\sum_{x} p(x,y)=1$ 을 만족한다.

(4) X와 Y가 확률변수 일 때, **X의 주변 분포 함수**(marginal distribution function)를 $F_X(x)$, **Y의 주변분포 함수**를 $F_Y(y)$라고 하면,

$F_X(x)=P(X\le x,\ Y\le\infty)=F(x,\ \infty)$, $F_Y(y)=P(X\le\infty,\ Y\le y)=F(\infty,y)$

(5) (a) X와 Y가 이산 확률변수일 때, X의 **주변 확률 함수**(joint probability function)를 $p_X(x)$, Y의 주변 확률 함수를 $p_Y(y)$ 라고 하면, $p_X(x)=\sum_y p(x,y)$, $p_Y(y)=\sum_x p(x,y)$, 여기서 p(x,y)는 X와 Y의 결합 확률 함수로 정의된다.

(b) X와 Y가 연속 확률변수일 때, X의 **주변 확률 밀도함수**(marginal probability density function)를 $f_X(x)$, Y의 주변 확률 밀도함수를 $f_Y(y)$ 라고 하면,

$$f_X(x)=\int_{-\infty}^{\infty} f(x,y)dy,\quad f_Y(y)=\int_{-\infty}^{\infty} f(x,y)dx,$$

여기서 f(x, y)는 X와 Y의 **결합 확률 밀도함수**, 즉 모든 x, y에 대해서, $f(x,y)\ge 0$, $\int_{-\infty}^{\infty}\int_{-\infty}^{\infty} f(x,y)\ dx\ dy=1$ 로 정의된다.

**정리 9.2 결합 분포 함수 F(x, y)의 성질**

(1) F(x,y)는 임의의 고정된 x에 대하여 y에 관한, 그리고 임의의 고정된 y에 대하여, x에 관해서, 각각 비감소 함수이다.

(2) $\lim_{y\to\infty}\lim_{x\to\infty}F(x,y)=F(\infty,\infty)=1$, 임의의 고정된 x에 대해서,

$F(x,-\infty)=\lim_{y\to-\infty} F(x,y)=0$ 이고, 임의의 고정된 y에 관하여,

$F(-\infty, y)=\lim_{x\to-\infty} F(x,y)=0$ 이다.

(3) 임의의 고정된 x에 대해서, F(x,y)는 y에 대한, 그리고, 임의의 고정된 y에 대해서 F(x,y)는 x에 대해서, 각각, 우연속 함수 (right continuous function) 이다.

(4) 모든 실수, a, b, c, d, ( $a < b$, $c < d$ )에 대하여,

$P(a < X \le b,\ c < Y \le d)=F(b, d)-F(a, d)-F(b, c)+F(a,c)$.

▶ **참고 9.3**

(1) X와 Y가 이산 r.v. , $A\subset \mathbf{R}^2$ : 가산집합

$\Rightarrow P((X,Y)\in A)=\sum\sum_{A} p(x,y)$.

(2) X와 Y가 연속 r.v. , $B\subset \mathbf{R}^2$ : 비가산집합

$\Rightarrow P((X,Y)\in B)=\int\int_{B} f(x,y)\ dx\ dy$ .

**예제 9.4**

(1) 공정한 주사위를 한번 던지는 시행에서 이산 확률변수 X는 $\omega\in\Omega$ 가 홀수 이면, X=1, 짝수 이면, X=2 로 주어지고, 이산 확률변수 Y는 $\omega\le3$ 이면, Y=1, $\omega\ge4$ 이면, Y=2 로 주어졌을 때, 즉

X(1)=X(3)=X(5)=1,

X(2)=X(4)=X(6)=2, Y(1)=Y(2)=Y(3)=1,

Y(4)=Y(5)=Y(6)=2, X와 Y의 결합 확률함수

p(x, y) : p(1, 1)=1/3, p(1, 2)=1/6 p(2, 1)=1/6, p(2, 2)=1/3

이고, X와 Y의 주변 확률함수는 각각,

$$p_X(1)=1/2, p_X(2)=1/2,\ \ p_Y(1)=1/2, p_Y(2)=1/2$$

이다.

(2) 연속 확률변수 X와 Y의 결합 p.d.f. f(x,y)가 0 < x, y < 1 일 때, $f(x,y)=6x^2y$ 이고, 그 이외의 영역에서는 0 일 때,

$P(0<X\le \frac{3}{4},\ \frac{1}{3}<Y\le 2\ ) = \int_{1/3}^{2}\int_{0}^{3/4} f(x,y)\ dx$

$dy = \int_{1/3}^{1}\int_{0}^{3/4} 6x^2y\ dx\ dy = 3/8 =$ xy−평면에서

R={(x,y) : 0 < x < 3/4, 1/3 < y < 1 }

위와 곡면 $f(x,y)=6x^2y$ 아래 부분의 부피(volume) 이다.

**문제 9.5**

(1) 연속 확률변수 X와 Y의 결합 p.d.f. f(x,y)가 0<x, y<1 일 때, f(x,y)=1 이고, 그 이외의 영역에서는 0 일 때, Z=X+Y의 확률 밀도 함수 g(z)를 구하라. 먼저, Z의 분포함수 G(z)=P(X+Y$\le$ z)를 구하면, z<0 일 때, G(z)=0 이고, $0\le z<1$ 일 때, $G(z)=\int_{0}^{z}\int_{0}^{z-x}$ dy

dx = $\frac{z^2}{2}$ 이며, 1 ≤ z < 2 일 때, G(z)=1− $\int_{z-1}^{1}\int_{z-x}^{1}$ dy dx = 1− $\frac{(2-z)^2}{2}$ 이고, 2 ≤ z 일 때, G(z) = 1 이므로, Z의 p.d.f. g : 0 < z < 1 일 때, g(z)=z, 1≤ z < 2 일 때, g(z)=2−z 이며, 그 이외의 구간에서는 g(z)=0 이다.

(2) X와 Y의 결합 p.d.f, 가 f(x,y)=x+y, (0<x,y<1), 0, (그 이외의 구간), 일 때, X와 Y의 주변확률 밀도함수는 각각, $f_X(x) = x + \frac{1}{2}$, (0<x<1) $f_Y(y) = y + \frac{1}{2}$, (0<y<1) 이고, P(X≤ $\frac{1}{2}$)=3/8, P(X+Y≤ 1)=1/3.

## 연습문제

9.1 두 연속 확률변수 X와 Y의 결합 확률 밀도함수 f( · , · ) 가

$f(x,y) = \frac{12}{5}xy(x+y),\ 0 \le x,y \le 1,\ 0,$ 그 이외의 영역일 때,

$P(X < Y)$를 구하라.

정답 $\frac{27}{50}$

9.2 X와 Y의 결합 확률 밀도함수가 $f(x,y) = e^{-(x+y)}$ , $0 < x,y < \infty$,

일 때, Z=X+Y의 확률 밀도함수를 구하라.

정답 $f_Z(z) = ze^{-z},\ 0 < z < \infty$

9.3 두 연속 확률변수 X와 Y의 결합 분포 함수가

$F(x,y) = (1-e^{-x})(1-e^{-y}),\ 0 \le x,y < \infty$ 일 때, X와 Y가 서로 독립임을 증명하라.

힌트 $F(x,y) = F_X(x)F_y(y)$ 임을 보인다

(9.4) 두 연속 확률변수 X와 Y의 결합 확률 밀도함수가

$f(x,y)=\frac{1}{8}(x+y),\ 0 \le x,y \le 2$ 일 때,

(a) X와 Y가 서로 독립이 아님을 증명하라.

(b) $P(|X-Y|>1)$ 을 구하라.

**정답** $[\because f(x,y) \neq f_x(x)f_Y(y)]$, $P(|X-Y|>1)=1/4$

(9.5) 두 연속 확률변수 X와 Y의 결합 확률 밀도함수가

$f(x,y)=4xy,\ 0<x,y<1$ 일 때,

(a) P(X 혹은 Y중 정확히 하나가 0.9 보다 큰 사건)을 구하라.

(b) $P(X+Y > 1)$ 을 구하라.

**정답** 0.3078, 0.5

# 제10장 적률(moments)–기대값, 분산, 표준 편차

**정의 10.1**

(1) 확률변수 X의 n차 **적률**(moment of order n) $E(X^n)$은 $E(|X^n|) < \infty$ 이면, X가 이산 r.v. 일 때는 $E(X^n)=\sum_x x^n p_x(x)$, X가 연속 r.v. 일 때는 $E(X^n)=\int_{-\infty}^{\infty} x^n f(x)\ dx$ 로 정의한다.

(2) r.v. X의 **기댓값**(expectation)은 E(X) 이고 $\mu$로 표시한다.

(3) r.v. X의 **분산**(variance)은 $E[(X-E(X))^2]=E[(X-\mu)^2]$ 이고 Var(X), 또는 $\sigma_X^2$, 또는 $\sigma^2$으로 표시한다.

(4) r.v. X의 **표준 편차**(standard deviation)는 $\sqrt{Var(X)}$ 이고 $\sigma$로 표시한다.

**정리 10.2**

(1) $E(I_A)=P(A)$,

(2) a, b는 임의의 실수, X와 Y는 임의의 확률변수 일 때, $E(|X|)<\infty$, $E(|Y|)<\infty$ 이면, $E(|aX+bY|)<\infty$ 이고, $E(aX+bY)=aE(X)+bE(Y)$,

(3) r.v. $X\geq 0 \Rightarrow E(X)\geq 0$,

(4) $E(1)=1$,

(5) 상수 a, b에 대하여, $a\leq X\leq b$ 이면, $a\leq E(X)\leq b$,

(6) $E(X)<\infty \Leftrightarrow E(|X|)=\sum_x |x|p_X(x)=\int |x|f(x)dx<\infty$,

이 때, $E(X)=\sum_x xp_X(x)=\int xf(x)\ dx$.

(7) r.v. $Y=G(X)$ 로 정의되면, $E(Y)=\sum_x G(x)p_X(x)=\int G(x)f(x)\ dx$

이고, $E(Y)<\infty \Leftrightarrow E(|Y|)<\infty$.

**예제 10.3**

(1) 이산 r.v. X의 확률 함수 p(x) : $p(1)=0.4$, $p(2)=0.1$, $p(3)=0.3$, $p(4)=0.2$ 일 때,

$$E(X)=1\times 0.4+2\times 0.1+3\times 0.3+4\times 0.2=2.3\ .$$

(2) 연속 r.v. X의 p.d.f. f : $0<x<1$ 일 때, $f(x)=3x^2$ 이고, 그 이외

의 구간에서는 $f(x)=0$ 이면,

$$E(X)=\int_0^1 3x^3\ dx=3/4.$$

▶ **참고 10.4**

(1) $Var(X)=E(X^2)-E(X)^2$,

(2) $X\sim B(1,p) \Rightarrow E(X)=p,\ Var(X)=p(1-p)$,

(3) $X\sim B(n,p) \Rightarrow E(X)=np,\ Var(X)=np(1-p)$,

(4) $X\sim G(p) \Rightarrow E(X)=\frac{1}{p},\ Var(X)=\frac{1-p}{p^2}$,

(5) $X\sim NB(r,p) \Rightarrow E(X)=\frac{r}{p},\ Var(X)=\frac{r(1-p)}{p^2}$,

(6) $X\sim P(\lambda) \Rightarrow E(X)=Var(X)=\lambda$,

(7) $X\sim HG(N,M,n) \Rightarrow E(X)=n\frac{M}{N}$,

$Var(X)=n\frac{M}{N}(1-\frac{M}{N})(\frac{N-n}{N-1})$,

(8) $X\sim U(a,b) \Rightarrow E(X)=\frac{a+b}{2},\ Var(X)=\frac{(b-a)^2}{12}$,

(9) $X\sim E(\lambda) \Rightarrow E(X)=\frac{1}{\lambda},\ Var(X)=\frac{1}{\lambda^2}$,

(10) $X\sim N(\mu,\sigma^2) \Rightarrow E(X)=\mu,\ Var(X)=\sigma^2$,

(11) $X\sim \Gamma(\alpha,\lambda) \Rightarrow E(X)=\frac{\alpha}{\lambda},\ Var(X)=\frac{\alpha}{\lambda^2}$,

(12) $X \sim B(\alpha, \beta) \Rightarrow E(X)=\frac{\alpha}{\alpha+\beta}$, $Var(X)=\frac{\alpha\beta}{(\alpha+\beta+1)(\alpha+\beta)^2}$,

(13) $X \sim t(n) \Rightarrow E(X)=0$, $Var(X)=\frac{n}{n-2}$ ( $n > 2$)

(14) $Var(1)=0$,

(15) $E(G(X,Y))=\int_{-\infty}^{\infty}\int_{-\infty}^{\infty} G(x,y)\ f(x,y)\ dx\ dy$.

**예제 10.4**

(1) $X(\omega)=i$, $i=1, 2, \ldots, n$, $p(i)=1/n$ 이면,

$$E(X)=\frac{n+1}{2}.$$

(2) $X=0, 1$, $p(0)=p(1)=1/2$ 이면

$$Var(X)=E(X^2)-E(X)^2=1/2-1/4=1/4.$$

(3) 연속 r.v. X의 p.d.f. f : $f(x)=|x|$, $-1 \le x \le 1$ 이면,

$$E(X)=0,\ Var(X)=1/2.$$

## 연습문제

10.1 이산 확률변수 X가, 각각 같은 확률 $\frac{1}{5}$ 을 갖는, 값 1, 2, 4, 8, 16 을 가질 때, X의 기댓값 E(X) 를 구하라.

**정답** E(X)=6.2

10.2 $X \sim U(2,5)$ 일 때, X의 기댓값 E(X)를 구하라.

**정답** E(X)=7/2

10.3 $X \sim B(1,p)$ 일 때, $2^X$의 기댓값 $E(2^X)$를 구하라.

**정답** E(X)=1+p

10.4 연속 확률변수 X 의 분산 Var(X) > 0 일 때, $e^{-E(X)} < E(e^{-X})$ 임을 증명하라.

10.5 연속 확률변수 X의 p.d.f 가 $f_X(x) = |x|$, $-1 \le x \le 1$ 일 때,

(a) E(X)=?

(b) Var(X)=?

**정답** E(X)=0, Var(X)=1/2

# 제11장 공분산, 상관계수 (Covariance, Correlation Coefficients)

**정의 11.1**

(1) 두 확률변수 X와 Y의 **공분산**(covariance) Cov(X, Y)는

$\mathrm{Cov}(X,Y) = E[(X-E(X))(Y-E(Y))]$로 정의된다.

(2) 두 확률변수 X와 Y의 **상관계수**(correlation coefficient) $\rho$는

$\rho = \dfrac{\mathrm{Cov}(X,Y)}{\sigma_X \sigma_Y}$, $\sigma_X$와 $\sigma_Y$는 각각 X와 Y의 표준편차로 정의한다.

▶ **참고 11.2**

(1) $\mathrm{Cov}(X,Y)=E(XY)-E(X)E(Y)$,

(2) X와 Y가 **서로 관련이 없다**(uncorrelated) $\Leftrightarrow$ $\mathrm{Cov}(X,Y)=0$ $\Leftrightarrow$ $\rho=0$,

(3) $|\rho| \le 1$, 등호 성립 $\Leftrightarrow$ X와 Y가 일차 종속,

즉 $Y=aX+b$, $a > 0$ 이면, $\rho=1$ 이고, $a < 0$ 이면, $\rho=-1$,

(4) $\mathrm{Var}(X+Y)=\mathrm{Var}(X)+\mathrm{Var}(Y)+2\mathrm{Cov}(X,Y)$,

(5) [Cauchy-Schwarz 부등식] : $E(XY)^2 \le E(X^2)E(Y^2)$.

**증명**

$$Q(\lambda)=E[(X-\lambda Y)^2\ ]=E(X^2)-2\lambda E(XY)+\lambda^2E(Y^2)\geq 0,$$

$$\frac{D}{4}=E(XY)^2-E(X^2)E(Y^2)\leq 0,\ \ X\cdot Y\equiv E(XY).$$ ▨

**예제 11.3**

(1) X와 Y의 결합 확률 함수 p(x,y) : p(1,1)=2/15, p(1,2)=4/15, p(1,3)=3/15, p(2,1)=1/15, p(2,2)=1/15, p(2,3)=4/15 일 때,

$$\rho=\frac{7}{\sqrt{804}}.$$

(2) x와 Y의 결합 확률 밀도함수 f(x,y) : $0<x<y$, $0<y<1$ 일 때, f(x,y)=2 이고, 그 이외의 구간에서 f(x,y)=0 일 때,

$$\rho=\frac{1}{2}.$$

## 연습문제

(11.1) 두 이산 확률변수 X와 Y의 결합 확률함수 p( · , · ) 가

p(0,0)=0,　p(0,1)=1/4,　p(0,2)=0,

p(1,0)=1/4,　p(1,1)=0,　p(1,2)=1/4,

p(2,0)=0,　p(2,1)=1/4,　p(2,2)=0　로 주어졌을 때,

(a) E(X+Y), E(X), E(Y)를 구하라.

(b) X와 Y는 서로 독립인가?

(c) X와 Y는 서로 관련이 없는가?

**정답** (a) E(X+Y)=2, E(X)=E(Y)=1,
(b) X와 Y는 서로 독립이 아니다
(c) Cov(X, Y)=0 이므로,
X와 Y는 서로관련이 없다(uncorrelated))

(11.2) $E(X)=\frac{109}{50}$, $E(Y)=\frac{157}{100}$, $E(XY)=\frac{117}{50}$ 일 때,

(a) Cov( X, Y)를 구하라.

(b) Cov( −2X+ 7, 5Y−3 )을 구하라.

**정답** Cov( X, Y)=$\frac{-13}{5000}$ , Cov( −2X+ 7, 5Y−3 )=$\frac{13}{500}$

(11.3) $\mathrm{Var(X)}=\dfrac{989}{2500}$, $\mathrm{Var(Y)}=\dfrac{791}{10000}$ 일 때,

W=−2X+7 와 T=5Y−3 의 상관계수 $\rho_{WT}$ 를 구하라.

**정답** $\rho_{WT} = 0.0147$

(11.4) $R=\{(x,y)\in\mathbf{R}^2 \mid y \le x^2, 0 \le x, y \le 1\}$에 대하여, X와 Y의 결합 확률 밀도함수가 $f(x,y)=3$, $(x,y)\in R$, 0, 그 이외의 영역으로 주어졌을 때, X와 Y의 상관 계수 $\rho_{XY}$ 를 구하라.

**정답** $\rho_{XY}=\sqrt{\dfrac{35}{111}}$

# 제12장 확률변수의 독립성 (Independence of Random Variables)

**정의 12.1**

확률변수 X와 Y가 **서로 독립이다**(independent)

⇔ 모든 실수 x, y에 대하여, $P(X \le x, Y \le y) = P(X \le x)P(Y \le y)$

⇔ $F(x,y)=F_X(x)F_Y(y), \quad \forall x,y \in R$

⇔ $f(x,y) = f_X(x)f_Y(y)$ ( or $p(x,y) = p_X(x)p_Y(y)$ ).

**정리 12.2**

r.v. X와 Y가 서로 독립이면, 임의의 연속함수 G, H : **R** → **R** 에 대하여,

$$E[\,G(x)\,H(y)\,] = E[\,G(x)\,]\,E[\,H(y)\,]$$

이다 .

**증명**

X 와 Y 가 연속 r.v. 이고, 연속 함수 G와 H에 대하여,

$$E[G(x)H(y)] = \int_{-\infty}^{\infty}\int_{-\infty}^{\infty} G(x)H(y)f(x,y)dxdy$$

$$= \int_{-\infty}^{\infty}\int_{-\infty}^{\infty} G(x)H(y)\,f_X(x)\,f_Y(y)\,dxdy$$

$$= \int_{-\infty}^{\infty} G(x)f_X(x)dx \int_{-\infty}^{\infty} H(y)f_Y(y)dy$$

$$= E[G(x)]E[H(y)].$$

**정리 12.3**

(1) X와 Y가 독립 ⇒ Cov(X, Y)=0,

(2) Cov(X,Y)=0 이지만, X 와 Y가 독립이 아니다.

p(1,1)=2/12, p(1,2)=1/12, p(1,3)=3/12

p(2,1)=1/12, p(2,2)=3/12, p(2,3)=2/12 일 때,

E(XY)=E(X)E(Y) 이지만 X와 Y는 독립이 아니다,

(∵ E(XY) = 1x2/12 + 2x1 / 12 + 3x3 / 12 + 2x1 / 12 + 4x3 / 12 + 6x2 / 12 = 13/4,

$$E(X) = \sum_{x=1}^{2} xp_X(x) = 1x1/2+2x1/2=3/2,$$

$$E(Y) = \sum_{y=1}^{3} yp_Y(y) = 1x3/12+2x4/12+3x5/12=13/6,$$

$E(X)E(Y)=3/2 \text{ x } 13/6 = 13/4 = E(XY)$,

$p(1,1)=2/12 \neq p_X(1)p_Y(1)=\frac{1}{2}\text{x}\frac{1}{4}=\frac{1}{8}$ )

**정리 12.4**

X와 Y가 독립이면, 참고 11.2의 (4)에 의해서 Cov(X, Y)=0 이므로,

$$Var(X+Y) = Var(X) + Var(Y)$$

이다.

**정리 12.5**

X 와 Y 가 연속 r.v. 로 독립이고, Z=X+Y 로 정의하면,

Z의 분포함수 $F_Z(z)=\int_{-\infty}^{\infty} F_X(z-y)f_Y(y)dy$ 이고,

따라서 Z의 p.d.f. $f_Z(z)=\int_{-\infty}^{\infty} f_X(z-y)f_y(y)dy$ 이다.

**증명**

$$F_Z(z)=P(X+Y\le z) = \iint_{x+y\le z} f_X(x)f_Y(y)dxdy$$

$$= \int_{-\infty}^{\infty}\int_{-\infty}^{z-y} f_X(x)f_Y(y)dxdy$$

$$= \int_{-\infty}^{\infty} \left( \int_{-\infty}^{z-y} f_X(x)dx \right) f_Y(y)dy$$

$$= \int_{-\infty}^{\infty} F_X(z-y) f_Y(y)dy,$$

$$f_Z(z) = \frac{dF_Z(z)}{dz} = \frac{d}{dz}\int_{-\infty}^{\infty} F_X(z-y) f_Y(y)dy$$

$$= \int_{-\infty}^{\infty} \frac{d}{dz}(F_X(z-y)) f_Y(y)dy$$

$$= \int_{-\infty}^{\infty} f_X(z-y) f_Y(y)dy \ .$$ ▨

**예제 12.6**

(1) X, $Y \sim U(0,1)$, X와 Y가 독립일 때, Z=X+Y의 p.d.f. $f_Z$ : $0 \le z \le 1$ 일 때, $f_Z(z) = z$, $1 < z < 2$ 일 때,

$$f_Z(z) = 2 - z,$$

그 이외의 구간에서는,

$$f_Z(z) = 0$$

이다.

(2) $X \sim P(\lambda_1)$, $Y \sim P(\lambda_2)$, X와 Y가 독립이면,

$$Z = X + Y \sim P(\lambda_1 + \lambda_2).$$

**풀이** (1) $0 < z < 1$ 일 때, $f_X(z) = f_Y(z) = 1$ 이고,

그 이외의 구간에서는 $f_X(z) = f_Y(z) = 0$ 이므로,

$f_Z(z) = \int_0^1 f_X(z-y)dy$ 이다.

그러므로,

$0 \le z \le 1$ 일 때, $f_Z(z) = \int_0^z dy = z$,

$1 < z < 2$ 일 때, $f_Z(z) = \int_{z-1}^1 dy = 2 - z$ 이다.

(2) 
$$
\begin{aligned}
P(X+Y=n) &= \sum_{k=0}^{n} P(X=k, Y=n-k) \\
&= \sum_{k=0}^{n} P(X=k)\,P(Y=n-k) \\
&= \sum_{k=0}^{n} \frac{e^{-\lambda_1}\lambda_1^k}{k!}\frac{e^{-\lambda_2}\lambda_2^{n-k}}{(n-k)!} \\
&= e^{-(\lambda_1+\lambda_2)} \sum_{k=0}^{n} \frac{\lambda_1^k\lambda_2^{n-k}}{k!(n-k)!} \\
&= \frac{e^{-(\lambda_1+\lambda_2)}}{n!} \sum_{k=0}^{n} \frac{n!}{k!(n-k)!}\lambda_1^k\lambda_2^{n-k} \\
&= \frac{e^{-(\lambda_1+\lambda_2)}}{n!} (\lambda_1+\lambda_2)^n ,
\end{aligned}
$$

따라서, $X+Y \sim P(\lambda_1 + \lambda_2)$.

**정의 12.7**

n개의 확률변수 $X_1, X_2, \cdots, X_n$이 독립이다 $\Leftrightarrow$ 모든 실수, $x_1, x_2, \cdots, x_n$에 대하여, $P(X_1 \le x_1,\ X_2 \le x_2,\ \cdots,\ X_n \le x_n) = \prod_{i=1}^{n} P(X_i \le x_i)$.

**▶ 참고 12.8**

X와 Y가 연속 r.v. 이고, f(x,y)가 X와 Y의 결합 p.d.f. 이며 연속 r.v. U=G(X,Y), V=H(X,Y)가 두 가지 조건,

즉 (a) u=G(x,y), v=H(x,y) 가 x와 y에 관하여 유일한 해를 갖고,
그리고 x=E(u,v), y=F(u,v)가 u와 v에 의해서 해를 갖으며,

(b) G와 H가 모든 (x,y)에서 연속인 편도함수를 갖고,
임의의 (x,y)에서, Jocobian=$J(x,y) \neq 0$,

즉 $J(x,y) = \mathrm{Det}\begin{pmatrix} \frac{\partial G}{\partial x} & \frac{\partial G}{\partial y} \\ \frac{\partial H}{\partial x} & \frac{\partial H}{\partial y} \end{pmatrix} \neq 0$, 을 만족하면, U와 V의 결합

p.d.f $g(u,v) = f(x,y)\,|J(x,y)|^{-1}$ 이다.

**문제 12.9**

$X \sim \Gamma(\alpha, \lambda)$, $Y \sim \Gamma(\beta, \lambda)$, X와 Y가 독립이면 $U = X + Y \sim \Gamma(\alpha+\beta, \lambda)$ 이고,

$V = \frac{X}{X+Y} \sim B(\alpha, \beta)$.

## 연습문제

**12.1** 두 연속 확률변수 X와 Y의 결합 확률 밀도함수가

$$f(x,\ y)=12xy(1-y),\ 0<x,\ y<1$$

일 때, X와 Y가 서로 독립임을 증명하라.

**힌트** $f(x, y) = f_X(x) f_Y(y)$

**12.2** 두 연속 확률변수 X와 Y의 결합 확률 밀도함수가 $f(x,y)=2e^{-(x+y)}$, $0 \le y \le x$ 일 때, X와 Y의 주변 확률 밀도함수, $f_X$와 $f_Y$를 각각 구하라.

**정답** $f_X(x) = 2e^{-x} - 2e^{-2x}$, $x \ge 0$ , $f_Y(y) = 2e^{-2y}$, $y \ge 0$

# 제13장 정규 분포 (Normal Distributions)

▶ **참고 13.1**

$X \sim N(\mu, \sigma^2)$의 p.d.f. f : $f(x) = \frac{1}{\sqrt{2\pi}\,\sigma} e^{-\frac{(x-\mu)^2}{2\sigma^2}}$,

$-\infty < \mu < \infty,\ \sigma^2 > 0,\ -\infty < x < \infty.$

$$I = \int_{-\infty}^{\infty} \frac{1}{\sqrt{2\pi}\,\sigma} e^{-\frac{(x-\mu)^2}{2\sigma^2}} dx$$

$$= \int_{-\infty}^{\infty} \frac{1}{\sqrt{2\pi}} e^{-\frac{u^2}{2}} du,\ (u = \frac{x-\mu}{\sigma})$$

$$= 2 \int_{0}^{\infty} \frac{1}{\sqrt{2\pi}} e^{-\frac{u^2}{2}} du\ .$$

$$I^2 = \frac{2}{\pi} \int_{u=0}^{\infty} \int_{v=0}^{\infty} e^{-\frac{1}{2}(u^2+v^2)}\ du\ dv$$

$$= \frac{2}{\pi} \int_{r=0}^{\infty} \int_{\theta=0}^{\frac{\pi}{2}} e^{-\frac{1}{2}r^2} r\ dr d\theta$$

$$= \frac{2}{\pi} \int_{\theta=0}^{\frac{\pi}{2}} \left( \int_{r=0}^{\infty} e^{-\frac{1}{2}r^2} d(\frac{r^2}{2})\ \right) d\theta = 1.$$

**정리 13.2**

$$X \sim N(\mu, \sigma^2) \Rightarrow E(X)=\mu,\ Var(X)=\sigma^2.$$

**증명**

$$E(X) = \int_{-\infty}^{\infty} \frac{x}{\sqrt{2\pi}\,\sigma} e^{-\frac{(x-\mu)^2}{2\sigma^2}} dx$$

$$= \sigma \int_{-\infty}^{\infty} \frac{u}{\sqrt{2\pi}} e^{-\frac{u^2}{2}} du + \mu \int_{-\infty}^{\infty} \frac{1}{\sqrt{2\pi}} e^{-\frac{u^2}{2}} du$$

$$= \mu\ .\ (u = \frac{x-\mu}{\sigma})$$

$$Var(X) = E[(X-\mu)^2\ ] = \int_{-\infty}^{\infty} \frac{(x-\mu)^2}{\sqrt{2\pi}\,\sigma} e^{-\frac{(x-\mu)^2}{2\sigma^2}} dx$$

$$= \sigma^2 \int_{-\infty}^{\infty} \frac{u^2}{\sqrt{2\pi}} e^{-\frac{u^2}{2}} du,\ (u = \frac{x-\mu}{\sigma})$$

$$= \sigma^2 \int_{-\infty}^{\infty} \frac{u}{\sqrt{2\pi}} d(-e^{-\frac{u^2}{2}})$$

$$= \sigma^2([-\frac{u}{\sqrt{2\pi}} e^{-\frac{u^2}{u}}]_{-\infty}^{\infty} + \int_{-\infty}^{\infty} \frac{1}{\sqrt{2\pi}} e^{-\frac{u^2}{2}} du),\ \text{(부분적분법)}$$

$$= \sigma^2.$$ ▨

**▶ 참고 13.3**

(1) $\Phi(x) = \int_{-\infty}^{x} \frac{1}{\sqrt{2\pi}} e^{-\frac{u^2}{2}} du$ : **표준 정규분포**(standard normal distribution) $N(0,1^2)$의 분포함수(distributions function),

(2) $\phi(x) = \Phi'(x) = \frac{e^{-\frac{x^2}{2}}}{\sqrt{2\pi}}$ : 표준 정규분포의 **확률 밀도함수**(p.d.f.),

(3) $\phi(x) = \phi(-x)$ 이므로, $\Phi(x) = 1 - \Phi(-x)$, $-\infty < x < \infty$,

(4) $X \sim N(\mu, \sigma^2)$, Y=aX+b, a와 b 는 실수, $a \neq 0$ 이면, $Y \sim N(a\mu + b, a^2\sigma^2)$,

(5) (4)로부터, $X \sim N(\mu, \sigma^2)$ 이면, $Z = \frac{X-\mu}{\sigma} \sim N(0,1^2)$,

(6)

| x | 1.28 | 1.64 | 1.96 | 2.33 |
|---|---|---|---|---|
| $\Phi(x)$ | 0.90 | 0.95 | 0.975 | 0.99 |

(7) $X \sim N(\mu, \sigma^2)$ 일 때,

$P(\mu - 2\sigma < X < \mu + 2\sigma) = P(\left|\frac{X-\mu}{\sigma}\right| < 2)$

$\geq P(\left|\frac{X-\mu}{\sigma}\right| < 1.96) = 0.975.$

## 연습문제

13.1 $X \sim N(3,2^2)$ 일 때, $P(X \geq 3)$과 $P(X \leq 1)$를 각각 구하라.
(단, $\Phi(1) = 0.8413$ 이다.)

정답 $P(X \geq 3)=0.5$, $P(X \leq 1)=0.1587$

13.2 $X \sim N(4,5^2)$ 일 때, $P(X \leq 5)$와 $P(X \geq 2)$를 각각 구하라.
(단, $\Phi(0.20) = 0.5793$ 이고, $\Phi(0.40) = 0.6554$ 이다)

정답 $P(X \leq 5) = 0.5793$, $P(X \geq 2) = 0.6554$

13.3 $X \sim N(0.20,\sigma^2)$ 이고 $P(|X-0.20| \leq 0.20) = 0.95$일 때 $\sigma$를 구하라.

정답 $\sigma = 0.1020$

# 제14장 Markov부등식, Chebyshev부등식

**정리 14.1** **Markov 부등식**

$X \geq 0$ 가 임의의 r.v. 이면, 임의의 $\epsilon > 0$ 에 대하여,

$$P(\ X \geq \epsilon\ ) \leq \frac{E(X)}{\epsilon}.$$

**증명**

$X \geq 0$ 가 연속 r.v. 이고 f가 X의 p.d.f. 이면,

$$E(X) = \int_0^\infty xf(x)dx = \int_0^\epsilon xf(x)dx + \int_\epsilon^\infty xf(x)dx,$$

$$\forall \epsilon > 0,\ \geq \int_\epsilon^\infty xf(x)dx \ \geq \int_\epsilon^\infty \epsilon f(x)dx = \epsilon \int_\epsilon^\infty f(x)dx$$

$= \epsilon\ P(X \geq \epsilon)$ 이므로,

따라서, $P(\ X \geq \epsilon\ ) \leq \dfrac{E(X)}{\epsilon}.$ ▨

**정리 14.1** **Chebyshev 부등식**

확률변수 X가 $E(X)=\mu$ 이고, $Var(X)=\sigma^2 > 0$ 이면, 임의의 실수 $k > 0$에 대하여, $P(|X-\mu| \geq k) \leq \frac{\sigma^2}{k^2}$.

**증명**

$(X-\mu)^2 \geq 0$ 이므로, $(X-\mu)^2$과 $\epsilon = k^2$을 Markov부등식에 적용하면,

$P((X-\mu)^2 \geq k^2) \leq \frac{E((X-\mu)^2)}{k^2}$을 얻는다.

$(X-\mu)^2 \geq k^2 \Leftrightarrow |X-\mu| \geq k$ 이므로,

$$P(|X-\mu| \geq k) \leq \frac{E[(X-\mu)^2]}{k^2} = \frac{\sigma^2}{k^2}.$$

▨

▶ **참고 14.3**

$E(X)=\mu$, $Var(X)=\sigma^2 > 0$, $\forall k>0$, $P(|X-\mu| \leq k\sigma) \geq 1-\frac{1}{k^2}$ .

**예제 14.4**

(1) 일주일에 생산되는 상품의 개수를 확률변수 X라 하고, $E(X)=500$, $Var(X)=\sigma^2=100$ 일 때, Markov 부등식을 이용하면,

$P(X \geq 1000) \leq \dfrac{E(X)}{1000} = \dfrac{1}{2}$, Chebyshev 부등식을 적용하면,

$P(400 \leq X \leq 600) = P(\,|X-500| \geq 100) \geq 1 - \dfrac{1}{10^2} = \dfrac{99}{100}$ ,

(2) $X \sim N(\mu, \sigma^2)$ 일 때, Chebyshev 부등식에 의해,

$P(\,|X-\mu| \geq 3\sigma) \leq \dfrac{\sigma^2}{(3\sigma)^2} = \dfrac{1}{9}$ 이고,

$Z = \dfrac{X-\mu}{\sigma} \sim N(0, 1^2)$, $P(\,|Z| \leq 3\,) = \Phi(3) - \Phi(-3) = 2\Phi(3) - 1$

$= 2 \times 0.9987 - 1 = 0.9974$, $(\Phi(3) = 0.9987)$ $P(\,|X-\mu| \geq 3\sigma)$

$= P(\,|\dfrac{X-\mu}{\sigma}| \geq 3\,) = P(\,|Z| \geq 3)$

$= 2(1-\Phi(3)) = 2 \times (1-0.9987) = 0.0026$, $0.0026 < 1/9$ 이므로,

이 계산은 정확하다.

**문제 14.5**

$E(X)=10$, $Var(X)=3^2$ 일 때, Chebyshev 부등식을 이용하여, $P(X \geq 25)$를 계산하라.

**풀이** 사건 $\{X \geq 25\} = \{X-10 \geq 15\} \subset \{\,|X-10| \geq 15\,\}$ 이므로,

Chebyshev 부등식을 이용하면, $P(X \geq 25) \leq P$

$(\,|X-10| \geq 15\,) \leq \dfrac{3^2}{15^2} = \dfrac{1}{25}$.

## 연습문제

(14.1) $X \sim E(\lambda=1)$ 일 때, Chebyshev 부등식을 이용하여, 각 k=1, 2, 3에 대한 $P(|X-\mu| < k\sigma)$의 하계를 각각 구하라. (단 $\mu = E(X)$, $\sigma^2 = Var(X)$ 이다)

정답 0, 0.75, 8/9

(14.2) $X \sim N(\mu, \sigma^2)$ 일 때, $P(|X-\mu| \geq 1.96\sigma)$의 정확한 값과 상계를 비교해서 계산하라.

정답 $P(|X-\mu| \geq 1.96\sigma)$=0.025 이고,

$P(|X-\mu| \geq 1.96\sigma) \leq \frac{1}{(1.96)^2}$=0.2603

# 제15장 대수의 법칙 (Law of Large Numbers)

**정리 15.1 대수의 약법칙(Weak Law of Large Numbers)**

$X_1, X_2, \cdots$ 가 서로 독립이고, 동일한 분포를 갖는 확률 변수열,

$E(X_i) = \mu$, $Var(X_i) = \sigma^2$ 이면, 임의의 $\epsilon > 0$ 에 대하여,

$$P\left\{\left|\frac{X_1 + X_2 + \cdots + X_n}{n} - \mu\right| \ge \epsilon\right\} \to 0 \quad \text{as } n \to \infty.$$

**증명**

Chebyshev 부등식을 이용하여 증명한다. ▨

**정리 15.2 대수의 강법칙(Strong Law of Large Numbers)**

$X_1, X_2, \ldots$ 가 서로 독립이고, 동일한 분포를 갖는 확률 변수열,

$E(X_i) = \mu$, 이면, $P\left( \lim_{n \to \infty} \frac{X_1 + X_2 + \cdots + X_n}{n} = \mu \right) = 1.$

**증명**

Kolmogorov의 증명 참조 : 참고문헌 [6]. ▨

**예제 15.3**

(1) **[ 대수의 약법칙의 예 ]**

$X_i \sim B(1.p)$, $i=1, 2, \cdots, n$, $Y=\sum_{i=1}^{n} X_i \sim B(n,p)$, $\frac{Y}{n}$를 성공할 **상대돗수**(relative frequency)라고 하면, Chebyshev 부등식을 이용하면,

$$\forall \epsilon > 0 \ \lim_{n\to\infty} P(\left| \frac{Y}{n} - p \right| < \epsilon) = 1 .$$

(2) **[ 대수의 강법칙의 예 ]**

독립 시행열에서 A가 고정된 사건으로, j번째 시행에서 A가 일어나면, $X_j = 1$, 일어나지 않으면, $X_j = 0$ 이라고 놓으면,

$$P(\lim_{n\to\infty} \frac{X_1 + \cdot \cdot \cdot + X_n}{n} = P(A) ) = 1.$$

## 연습문제

**15.1** $\{X_n\}_{n=1}^{\infty}$ 이 서로 독립이고 U$(-1, 1)$ 확률변수열이고,

$T_n = \frac{1}{n}\sum_{i=1}^{n} X_i^2$ 일 때, $\forall \epsilon > 0$, 적당한 $\mu = E(X_i^2)$에 대하여,

$\lim_{n\to\infty} P(|T_n - \mu| > \epsilon) = 0$ 임을 증명하고, $\mu$ 값도 구하라.

**정답** 대수의 약법칙을 이용하고, $\mu = \frac{1}{3}$

**15.2** $\{X_n\}_{n=1}^{\infty}$ 이 서로 독립이고, 동일한 분포를 갖는 확률변수열로서

$S_n = \sum_{i=1}^{n} X_i$ 일 때, $P(\lim_{n\to\infty} \frac{S_n}{n}) = \mu$, $\mu < \infty \Leftrightarrow E(|X|) < \infty$,

$\mu = E(X)$ 임을 증명하라.

# 제16장 적률 생성함수 (Moment-generating Functions)

**정의 16.1**

확률변수 X의 **적률 생성함수**(moment-generating function)

$$M_X(t),\ \ \forall t \in \mathbf{R} \Leftrightarrow M_X(t) = E(e^{tX}).$$

▶ **참고 16.2**

(1) X가 이산 r.v. $\Rightarrow M_X(t) = \sum_x e^{tx} p(x)$ 이고,

X가 연속 r.v. $\Rightarrow M_X(t) = \int_{-\infty}^{\infty} e^{tx} f(x) dx$ 이다.

(2) $\exists E(|X|^n) < \infty \Rightarrow E(X^n) = M_X^{(n)}(0),\ n=1,\ 2,\ \cdots .$

(3) $X \sim B(n,p) \Rightarrow M_X(t) = (pe^t + 1 - p)^n$ .

(4) $X \sim P(\lambda) \Rightarrow M_X(t) = \exp\{\lambda(e^t - 1)\}.$

(5) $X \sim E(\lambda) \Rightarrow M_X(t) = \frac{\lambda}{\lambda - t},\ t < \lambda.$

(6) $X \sim N(\mu, \sigma^2) \Rightarrow M_X(t) = \exp(\mu t + \frac{\sigma^2 t^2}{2}).$

**예제 16.3**

(1) $X \sim G(p)$, $M_X(t) = \dfrac{pe^t}{1-(1-p)e^t}$.

(2) $X \sim U(a,b)$, $M_X(t) = \dfrac{e^{tb}-e^{ta}}{t(b-a)}$.

(3) $X \sim \Gamma(\alpha,\lambda)$, $M_X(t) = (\dfrac{\lambda}{\lambda - t})^{\alpha}$ .

**정리 16.4**

X와 Y가 서로 독립인 확률변수이며, 각각 적률 생성함수(m.g.f.) $M_X(t), M_Y(t)$라고 하면, $M_{X+Y}(t) = M_X(t)M_Y(t)$ 이다.

**증명**

$M_{X+Y}(t) = E(e^{t(X+Y)}) = E(e^{tX}e^{tY}) = E(e^{tX})E(e^{tY})$

( ∵ X와 Y가 서로 독립 ) $= M_X(t)M_Y(t)$ . ▨

**예제 16.5**

$M_X(t) = \exp[3(e^t - 1)]$ 일 때, P(X=0)=?

**풀이** $X \sim P(3)$, 즉 모수 $\lambda = 3$인 Poisson 분포 이므로,

$$P(X=0) = \frac{e^{-3}3^0}{0!} = e^{-3} .$$

**정리 16.6** **적률 생성함수 기법**

(1) $X \sim B(n,p)$, $Y \sim B(m,p)$, X와 Y가 서로 독립이면,

$X+Y \sim B(n+m,p)$.

(2) $X \sim P(\lambda_1)$, $Y \sim P(\lambda_2)$, X와 Y가 서로 독립이면,

$X+Y \sim P(\lambda_1+\lambda_2)$ .

(3) $X \sim N(\mu_1,\sigma_1^2)$, $Y \sim N(\mu_2,\sigma_2^2)$, X와 Y가 서로 독립이면,

$X+Y \sim N(\mu_1+\mu_2,\sigma_1^2+\sigma_2^2)$.

**정의 16.7**

확률변수 X와 Y의 결합 적률 생성함수를

$M(t_1,t_2) \Leftrightarrow M(t_1,t_2)=E(e^{t_1X+t_2Y})$, $t_1,t_2$ 는 임의의 실수.

**정리 16.8**

정규분포 $N(\mu,\sigma^2)$인 **모집단**(population)으로부터 크기가 n인 확률 표본 (random sample)이, $X_1,X_2,\cdots,X_n$ 이면, $Y=\sum_{j=1}^{n}(\frac{X_j-\mu}{\sigma})^2 \sim \chi^2(n)$.

**증명**

$$W_j=(\frac{X_j-\mu}{\sigma})^2 \Rightarrow W_j \sim \chi^2(1) \Rightarrow Y \sim \chi^2(n).$$

## 연습문제

16.1 $X_1, X_2, \ldots, X_n$ 이 모수가 p인 Bernoulli 확률 분포를 가질 때,

$X = \sum_{i=1}^{n} X_i$ 의 적률 생성함수 $M_X(t)$ 를 구하라.

정답 $M_X(t) = (pe^t + 1 - p)^n$

16.2 $X_1, X_2, \ldots, X_n$ 이 적률 생성함수가 M(t)를 갖는 확률분포로부터 추출한 확률 표본(random sample) 일 때, $\sum_{i=1}^{n} X_i$ 와 $\sum_{i=1}^{n} \frac{X_i}{n}$ 의 적률 생성함수는 각각 $[M(t)]^n$ 과 $[M(t/n)]^n$ 임을 증명하라.

# 제17장 특성 함수 (Characteristic Functions)

**정의 17.1**

확률변수 X의 **특성함수**(characteristic function)

$$\phi_X(t) \equiv \phi(t)=E(e^{itX}) = E(\cos tX + i\sin tX),$$

t는 임의의 실수, $i=\sqrt{-1}$ 로 정의한다.

▶ **참고 17.2**

(1) r.v. X의 특성함수 $\phi_X(t) \equiv \phi(t)$는 X의 p.d.f. f의 Fourier transform 이다.

(2) $|\phi(t)| \le 1$.

(3) $\phi^{(n)}(0) = i^n E(X^n)$.

(4) $f_X(x) = \dfrac{1}{2\pi}\displaystyle\int_{-\infty}^{\infty} \phi(t)e^{-itx}dt$ .

**예제 17.3**

$$X \sim E(\lambda) \Rightarrow \phi(t) = \int_0^\infty e^{itx}\lambda e^{-\lambda x}dx = \int_0^\infty \lambda e^{-(\lambda - it)x}dx = \frac{\lambda}{\lambda - it}.$$

**문제 17.4**

$$X \sim G(p) \Rightarrow \phi(t) = \sum_{x=1}^{\infty} p(1-p)^{x-1}e^{itx} = p\sum_{x=1}^{\infty}(1-p)^{x-1}e^{itx}$$

$$= \frac{pe^{it}}{1-(1-p)e^{it}} .$$

**문제 17.5**

지수분포의 특성함수, $\phi_X(t) = \dfrac{\lambda}{\lambda - it}$,를 이용하여, 기댓값 E(X)과 Var(X)를 구하라.

**풀이**

$$E(X) = \frac{\phi'(0)}{i} = \frac{1}{\lambda}. \quad (\because \phi'(t) = \frac{i\lambda}{(\lambda - it)^2})$$

$$Var(X) = E(X^2) - E(X)^2 = \frac{\phi''(0)}{i^2} - \frac{1}{\lambda^2}$$

$$= \frac{2}{\lambda^2} - \frac{1}{\lambda^2} = \frac{1}{\lambda^2}, \quad (\because \phi''(t) = \frac{-2\lambda}{(\lambda - it)^3})$$

**▶ 참고 17.6 [ 특성함수의 예 ]**

(1) $X \sim B(n,p)$ 이면, $\phi_X(t) = (pe^{it} + 1 - p)^n$ ,

(2) $X \sim P(\lambda)$ 이면, $\phi_X(t) = \exp\{\lambda(e^{it} - 1)\}$ ,

(3) $X \sim U(a,b)$ 이면, $\phi_X(t) = \dfrac{e^{itb} - e^{ita}}{it(b-a)}$ ,

(4) $X \sim \Gamma(\alpha,\lambda)$ 이면, $\phi_X(t) = (1-i\lambda t)^{-\alpha}$ ,

(5) $X \sim N(\mu,\sigma^2)$ 이면, $\phi_X(t) = \exp(i\mu t - \frac{\sigma^2}{2}t^2)$.

**정리 17.7**

두 확률변수 X 와 Y 가 서로 독립이면, $\phi_{X+Y}(t) = \phi_X(t)\phi_Y(t)$ 이다.

$$(\because \phi_{X+Y}(t) = E(e^{it(X+Y)}) = E(e^{itX}e^{itY})$$

$$= E(e^{itX})E(e^{itY}) = \phi_X(t)\phi_Y(t))$$

## 연습문제

**17.1** 연속 확률변수 X의 확률 밀도함수가 $f_X(x)=\frac{1}{\pi}\frac{1}{1+x^2}$ ,

$-\infty < x < \infty$ 일 때, X의 특성함수 $\phi_X(t)$ 를 구하라.

**정답** $\phi_X(t)=e^{-|t|}$

**17.2** 연속 확률변수 X의 적률 생성함수가 $M_X(t)$ 일 때,

X의 확률 밀도함수 $f_X(x)=\lim_{T\to\infty}\frac{1}{2\pi}\int_{-T}^{T}e^{-itx}M_X(t)dt$ 임을

증명하라.

# 제18장 중심 극한 정리 (Central Limit Theorems)

**정리 18.1**

(1) $M_X(t)=M_Y(t),\ \forall t\in\mathbf{R}, \Rightarrow F_x = F_Y$

(2) $\lim_{n\to\infty} M_{X_n}(t)= M_X(t) \Rightarrow \lim_{n\to\infty} F_{X_n}(x) = F_X(x)$

(3) $M_X(t) = E(e^{tX}) = E(\sum_{n=0}^{\infty}\frac{tX^n}{n!}) = \sum_{n=0}^{\infty}\frac{t^n}{n!}E(X^n)$

$= 1 + t\ E(X) + \frac{t^2}{2!}E(X^2) + \frac{t^3}{3!}E(X^3) + \cdots$

**정리 18.2** **중심 극한정리(Central Limit Theorem)**

$X_1,\ X_2,\ \cdots$ 가 평균이 $\mu$ 이고 분산 $\sigma^2$ 이 유한한 서로 독립이고 동일한 분포를 갖는 확률변수열이면, $\frac{X_1 + X_2 + \cdots + X_n - n\mu}{\sqrt{n}\,\sigma}$ 의 분포가 $n\to\infty$ 일 때, 표준 정규분포로 수렴한다.

즉, $P(\frac{X_1+X_2+\cdot\cdot\cdot+X_n-n\mu}{\sqrt{n}\sigma}\leq x)\to\frac{1}{\sqrt{2\pi}}\int_{-\infty}^{x}e^{-\frac{u^2}{2}}du$

as $n\to\infty$.

**증명**

모든 i에 대하여, $E(X_i)=0$이라고 가정할 수 있다, 그렇지 않으면, 평균이 0인 새로운 확률변수열 $X_i'=X_i-E(X_i)$을 생각할 수 있다.

$X_i$의 적률 생성함수(m.g.f.)를 $M_{X_i}(t)$라고 하고,

$Y_n=\frac{X_1+X_2+\cdot\cdot\cdot+X_n}{\sqrt{n}\sigma}$ 의 적률 생성함수를 $M_{Y_n}(t)$라고 가정하면,

정리 18.1의 (2)에 의해서, 모든 실수 t에 대하여,

$\lim_{n\to\infty}M_{Y_n}(t)=e^{\frac{t^2}{2}}$ 임을 증명하면 충분하다.

그런데, $M_{Y_n}(t)=E(e^{tY_n})=E(e^{t\frac{X_1+\cdot\cdot\cdot+X_n}{\sqrt{n}\sigma}})=\prod_{j=1}^{n}E(e^{t\frac{X_j}{\sqrt{n}\sigma}})$,

($\because$ $X_1,X_2,\ldots,X_n$이 서로독립 이므로)

$$=[M_{X_j}(\frac{t}{\sqrt{n}\sigma})]^n$$

$$=[M_{X_j}(\frac{t}{\sqrt{n}})]^n,\ (\sigma^2=1^2\ )$$

$$=[1+\frac{t^2}{2n}(1+\frac{2t}{\sqrt{n}}R(\frac{t}{\sqrt{n}})]^n \text{ 이므로}$$

$$\lim_{n\to\infty} M_{Y_n}(t) = \lim_{n\to\infty}(1+\frac{t^2}{2n})^n = e^{\frac{t^2}{2}},\ (\because \lim_{n\to\infty}(1+\frac{x}{n})^n = e^x\ ).$$ ▨

**정리 18.3 이항분포의 정규근사화(Normal Approximation to Binomial)**

$X \sim B(n,p) \Rightarrow n\to\infty$ 일 때 $Z=\dfrac{X-np}{\sqrt{np(1-p)}}$의 분포는 표준 정규분포로 수렴한다.

**정리 18.4 Poisson분포의 정규근사화(Normal Approximation to Poisson)**

$X \sim P(\lambda) \Rightarrow n\to\infty$ 일 때 $Z=\dfrac{X-\lambda}{\sqrt{\lambda}}$의 분포는 표준 정규분포로 수렴한다.

**예제 18.5**

$X_j \sim U(-\sqrt{3}, \sqrt{3})$, j=1, 2, ⋯, $S_n = \sum_{j=1}^{n} X_j$, $Z_n = \dfrac{S_n}{\sqrt{n}}$의 분포는 $n$이 무한히 커지면 어느 분포로 접근하는가?

**힌트** $E(X_j)=0, Var(X_j)=1^2$

# 제19장 조건부 확률분포와 조건부 기댓값 (Conditional Distributions & Conditional Expectations)

**정의 19.1**

X와 Y가 연속 r.v.

(1) 주어진 X=x에 대하여, Y의 **조건부 확률 밀도함수**(conditional p.d.f.)를 $f_{Y|X}(y|x) = \dfrac{f(x,y)}{f_X(x)}$, $f_X(x) > 0$ 로 정의한다.

(2) 주어진 X=x 에 대하여, H(Y)의 **조건부 기댓값**(conditional expectation)을 $E(H(Y)|X=x) = \int_{-\infty}^{\infty} H(y) f_{Y|X}(y|x)dy$ 로 정의한다.

▶ **참고 19.2**

X와 Y가 이산 r.v.

(1) 주어진 Y=y 에 대하여, X의 조건부 확률함수(conditional probability function)를

$$p_{X|Y}(x|y) = P(X=x|Y=y),\ P(Y=y) = p_Y(y) > 0,$$

로 정의할 수 있고,

(2) 주어진 Y=y 에 대하여, G(X)의 조건부 기댓값을

$$E(G(X) \mid Y=y)=\sum_{x} G(x)p_{X \mid Y}(x \mid y)$$

로 정의한다.

**예제 19.3**

(1) 연속 r.v. X와 Y의 결합 p.d.f. f(x,y)=6y, 0 <y <x < 1 일 때, E(Y | X=x )를 구하라.

(2) 이산 r.v. X와 Y의 결합 확률함수

p(x,y) : p(1,1)=1/2, p(1,2)=1/10, p(2,1)=1/10, p(2,2)=3/10

일 때, 주어진 Y=1 에 대하여, X의 조건부 확률함수 $p_{X \mid Y}(x \mid 1)$, x=1, 2 를 구하라.

**풀이** (1) $f_{Y \mid X}(y \mid x)=\dfrac{2y}{x^2}$, $0<y<x$

$(\because f_X(x)=\int_0^x 6y\,dy=3x^2,\ 0 < x < 1)$ 이므로,

$$E(Y \mid X=x)=\int_0^x y\frac{2y}{x^2}dy=\frac{2}{3}x,\ 0 < x < 1.$$

(2) $p_Y(1)=\sum_{x=1}^{2} p(x,1)=0.6$ 이므로,

$p_{X \mid Y}(1 \mid 1)=P(X=1 \mid Y=1)$

$$= \frac{P(X=1, Y=1)}{P(Y=1)}$$

$$= \frac{p(1,1)}{p_Y(1)} = 5/6 \ , \ p_{X \mid Y}(2 \mid 1) = P(X=2 \mid Y=1)$$

$$= \frac{p(2,1)}{p_Y(1)} = 1/6 \ .$$

**예제 19.4**

(1) $X \sim P(\lambda_1)$, $Y \sim P(\lambda_2)$ 이고, 서로 독립일 때, X+Y=n 인 조건하에서, X의 조건부 확률분포가 $B(n, \frac{\lambda_1}{\lambda_1 + \lambda_2})$임을 증명하라.

**증명**

$$P(X=k \mid X+Y=n) = \frac{P(X=k)P(Y=n-k)}{P(X+Y=n)}$$

$$= \frac{e^{-\lambda_1}\lambda_1^k}{k!}\frac{e^{-\lambda_2}\lambda_2^{n-k}}{(n-k)!}\left[\frac{e^{-(\lambda_1+\lambda_2)}(\lambda_1+\lambda_2)^n}{n!}\right]^{-1}$$

$$= \binom{n}{k}\left(\frac{\lambda_1}{\lambda_1+\lambda_2}\right)^k\left(\frac{\lambda_2}{\lambda_1+\lambda_2}\right)^{n-k} \text{ 이므로,}$$

$X \mid X+Y=n \sim B(n, \frac{\lambda_1}{\lambda_1+\lambda_2})$ 이다.

즉 $E(X \mid X+Y=n) = n\frac{\lambda_1}{\lambda_1+\lambda_2}$. ▨

(2) X와 Y가 이산 r.v. 일 때, $E(X)=E[E(X \mid Y)]$.

$$(\because\ E[E(X \mid Y)] = \sum_y E(X \mid Y=y)P(Y=y)$$

$$= \sum_y \sum_x xP(X=x \mid Y=y)P(Y=y)$$

$$= \sum_y \sum_x xP(X=x, Y=y)$$

$$= \sum_x x \sum_y P(X=x, Y=y)$$

$$= \sum_x xP(X=x) = E(X).)$$

**▶ 참고 19.5**

(1) $Var(x)=E(X^2)-E(X)^2 = E[E(X^2 \mid Y)]-(E[E(X \mid Y)])^2$.

(2) $E(I_A)=P(A)$ 이므로, 임의의 r.v. Y에 대하여,

$E(I_A \mid Y=y)=P(A \mid Y=y)$ 이고,

문제 19.4의 (2)에 의해서,

즉 $E(X)=\sum_y E(X \mid Y=y)P(Y=y)$

$$(=\int_{-\infty}^{\infty} E(X \mid Y=y)f_Y(y)dy\ )$$

이므로, $P(A)=\sum_y P(A \mid Y=y)P(Y=y)$

$$(=\int_{-\infty}^{\infty} P(A \mid Y=y)f_Y(y)dy\ ).$$

(3) X와 Y가 서로 독립인 연속 r.v. 이면,

$$P(X < Y) = \int_{-\infty}^{\infty} F_X(y) f_Y(y) dy.$$

$$\because\ P(X \mid Y) = \int_{-\infty}^{\infty} P(X < Y \mid Y = y) f_Y(y) dy$$

$$= \int_{-\infty}^{\infty} P(X < y \mid Y = y) f_Y(y) dy$$

$$= \int_{-\infty}^{\infty} P(X < y) f_Y(y) dy$$

$$= \int_{-\infty}^{\infty} F_X(y) f_Y(y) dy.$$

$$F_X(y) = \int_{-\infty}^{y} f_X(x) dx.$$

## 연습문제

19.1 두 확률변수 X와 Y의 결합 p.d.f. 가

$$f(x,y) = \frac{4}{5}\frac{x+y}{x^3},\ 1 \le x < \infty,\ 0 \le y \le 1 \text{ 일 때}$$

(a) 주어진 X에 대한, Y의 조건부 확률 밀도함수 $f_{Y|X}(x,y)$를 구하라.

(b) $P(0 < Y < \frac{1}{2} \mid X = 2)$를 구하라.

(c) $P(0 < Y < \frac{1}{2} \mid X > a) = \frac{5}{16}$ 일 때, 상수 a를 구하라.

정답 $f_{Y|X}(x,y) = \frac{2(x+y)}{2x+1},\ 0 \le y \le 1,\ \frac{9}{20},\ a = \frac{1}{12}$

19.2 조건부 확률 밀도함수 $f_{Y|X}(x,y) = \frac{2(8-y)}{x(16-3x)},\ x < y < 2x$ 가 주어졌을 때, 조건부 기댓값 $E(Y \mid X = x)$를 구하라.

정답 $E(Y \mid X = x) = \frac{2x(36-7x)}{3(16-3x)},\ 0 < x < 2$

# 제20장 추 정 (Estimations)

**정의 20.1**

**모집단**에서 n개의 r.v. $X_1, X_2, \cdots, X_n$ 을(동일한 분포를 갖고 서로 독립적으로) **표본추출**(random sampling)하였을 때,

$\overline{X} = \dfrac{X_1 + X_2 + \cdot \cdot \cdot + X_n}{n}$ 를 **표본평균**(sample mean),

$S^2 = \dfrac{\sum_{j=1}^{n} (X_j - \overline{X})^2}{n-1}$ 를 **표본분산**(sample variance)라고 정의한다.

**예제 20.2**

표준 정규분포로부터 크기가 3인, X, Y, Z를 표본추출하였을 때, $W = X^2 + Y^2 + Z^2$ 라고 하면, $W \sim \chi^2(3)$.

**풀이** W의 분포함수를 F라고 하면,

$F(w) = P(W \le w) = P(X^2 + Y^2 + Z^2 \le w)$.

$w < 0$ 이면, $F(w) = 0$.

$w \geq 0$ 이면,

$$F(w) = \int\int_A\int \frac{1}{(2\pi)^{3/2}} \exp\{-\frac{1}{2}(x^2+y^2+z^2)\ dxdydz,$$

(여기서, $A=((x,y,z) \in \mathbf{R}^3 : x^2+y^2+z^2 \leq w \})$,

$$= \int_0^{\sqrt{w}}\int_0^{2\pi}\int_0^{\pi} \frac{1}{(2\pi)^{3/2}} e^{-\frac{r^2}{2}} r^2 \sin\phi d\phi d\theta dr.$$

($x=r\cos\theta\sin\phi$, $y=r\sin\theta\sin\phi$, $z=r\cos\phi$ )

$$= \sqrt{\frac{2}{\pi}} \int_0^{\sqrt{w}} r^2 e^{-\frac{r^2}{2}} dr$$

$$= \sqrt{\frac{2}{\pi}} \int_0^{w} \frac{\sqrt{u}}{2} e^{-\frac{u}{2}} du, \ (r=\sqrt{u}), \text{ 이므로,}$$

W의 p.d.f. $f(w)=F'(w)=\frac{1}{\sqrt{2\pi}} w^{3/2-1} e^{-w/2}$, $0 < w < \infty$

이다. 그런데, $\Gamma(\frac{3}{2}) = \frac{1}{2}\Gamma(\frac{1}{2})$ 이고, $\Gamma(\frac{1}{2}) = \sqrt{\pi}$ 이므로,

$\sqrt{2\pi} = \Gamma(\frac{3}{2})2^{3/2}$. 그러므로, $W \sim \chi^2(3)$.

**▶ 참고 20.3**

(1) 정규분포 $N(\mu,\sigma^2)$로부터 크기가 n인 표본(random sample)을 $X_1, X_2, \cdots, X_n$ 이라고 하고, 표본의 성질을 나타내는 **통계량**(statistics)

인 표본평균을 $\overline{X} = \frac{\sum_{j=1}^{n} X_j}{n}$, 표본분산을 $S^2 = \frac{\sum_{j=1}^{n}(X_j - \overline{X})^2}{n-1}$ 라고

하면,

(a) $\overline{X} \sim N(\mu, \frac{\sigma^2}{n})$.

(b) $\frac{(n-1)S^2}{\sigma^2} \sim \chi^2(n-1)$.

(c) $\overline{X}$와 $S^2$은 서로 독립 이다.

**증명**

Hogg and Craig, 참고문헌 [4], pp 214-217 참조. ▨

(2) 모집단의 분포가 정규분포 이고 크기 n < 30 인, 표본(random sample)을 $X_1, X_2, \cdots, X_n$ 이라고 하면, $\frac{\overline{X}-\mu}{s/\sqrt{n}} \sim t(n-1)$. s는 표본 표준편차.

**▶ 참고 20.4**

모수(parameter) $\theta$에 대한 **최대우도추정**(Maximum Likelihood Estimation : MLE ) : 확률변수 X가 미지의(unknown) 모수 $\theta$에 종속인 밀도함수(d.f) $f(x;\theta)$를 갖고, X로부터 얻은 n개의 **표본**(random sample) $X_1, \ldots, X_n$에 대하여,

(a) **우도 함수**(likelihood function)

$L(\theta) = f(x_1;\theta) \cdot \cdot \cdot f(x_n;\theta)$를 정의하고,

(b) log-우도함수 : $\ln L(\theta) = \sum_{j=1}^{n} \ln f(x_j : \theta)$ 를 이용하여,

(c) $\frac{d}{d\theta}\ln L(\theta)=0$

(d) $\theta$에 관한 해(solution) $\hat{\theta}$(**추정량**)를 구한다.

**예제 20.5**

(1) $X \sim B(n,p)$, n은 기지(known)의, p는 미지(unknown)의 모수,

$p(x)=P(X=x)=\binom{n}{x}p^x(1-p)^{n-x}$.

(a) 우도함수 : $L(p)=\binom{n}{x}p^x(1-p)^{n-x}$,

(b) log−우도함수 : $\ln L(p) = \ln \binom{n}{x} + x \ln p + (n-x) \ln(1-p)$

(c) $\frac{d}{dp}\ln L(p) = \frac{x}{p} - \frac{n-x}{1-p} = o$

(d) $\hat{p} = \frac{x}{n}$.

**정의 20.6**

미지의 모수 $\theta$의 추정량(estimator) $\hat{\theta}$가 **불편하다**(unbiased)

$\Leftrightarrow E(\hat{\theta})=\theta$.

▶ **참고 20.7**

(1) $X \sim B(n,p),\ \hat{p}=\dfrac{X}{n} \Longrightarrow E(\hat{p})=\dfrac{E(X)}{n}=\dfrac{np}{n}=p,$

$$Var(\hat{p})=\frac{Var(X)}{n^2}=\frac{np(1-p)}{n^2}=\frac{p(1-p)}{n},$$

(2) $X \sim E(\lambda), \mu=E(X)=\dfrac{1}{\lambda}, \lambda=\dfrac{1}{\mu},$

$f(x)=\lambda e^{-\lambda x}=\dfrac{1}{\mu}e^{-\frac{x}{\mu}},\ X_1, \cdots, X_n$ :표본(random sample),

(a) $L(\mu)=f(x_1)\cdot\cdot\cdot f(x_n)=\mu^{-n}e^{-\frac{x_1+\cdot\cdot\cdot+x_n}{\mu}},$

(b) $\ln L(\mu)=-n\ln\mu-\dfrac{x_1+\cdot\cdot\cdot\cdot+x_n}{\mu}.$

(c) $\dfrac{d}{d\mu}\ln L(\mu)=-\dfrac{n}{\mu}+\dfrac{x_1+\cdot\cdot\cdot\cdot+x_n}{\mu^2}=0$

(d) $\dfrac{n}{\mu}=\dfrac{x_1+\cdot\cdot\cdot\cdot+x_n}{\mu^2} \Rightarrow \hat{\mu}=\dfrac{x_1+\cdot\cdot\cdot\cdot+x_n}{n}=\bar{x}.$

∴ 모평균 $\mu$에 대한 최대우도추정량은 표본평균(sample mean)이다.

**정의 20.8**

$\hat{\theta}\to\theta$ as $n\to\infty$, 즉 $\forall\epsilon>0, P(|\hat{\theta}-\theta|>\epsilon)\to 0$ as $n\to\infty$

⇒ 미지의 모수 $\theta$와 추정량(estimator) $\hat{\theta}$ 가 **일치한다(consistent).**

**예제 20.9**

(1) $X \sim N(\mu, \sigma^2)$, $f(x;\mu,\theta) = \frac{1}{\sqrt{2\pi\theta}} e^{-\frac{(x-\mu)^2}{2\theta}}$, $\sigma^2 = \theta$ 이면 $\hat{\mu} = \bar{x}$ 이고

$\hat{\theta} = \widehat{\sigma^2} = \frac{1}{n}\sum_{j=1}^{n}(x_j - \mu)^2$ 임을, 최대우도 추정법을 이용하여 증명하라.

(2) [**적률법**(method of moments)]

(a) 모수가 λ인 지수분포에서, $\lambda = \frac{1}{E(X)}$ 이므로,

$$\hat{\lambda} = \frac{1}{\overline{X}} \ .$$

(b) 모수가 λ인 Poisson분포에서, $\lambda = E(X) = Var(X)$ 이므로,

$$\hat{\lambda} = \overline{X} \text{ or } \hat{\lambda} = S^2.$$

**▶ 참고 20.11**

(1) [정규분포에서 모평균 $\mu$의 신뢰수준(confidence level) $1-\alpha$ **신뢰구간**(confidence interval)]

(a) 추정량 $\hat{\mu} = \overline{X}$가 $N(\mu, \frac{\sigma^2}{n})$, $Z = \frac{\overline{X} - \mu}{\sigma/\sqrt{n}} \sim N(0, 1^2)$.

(b) $P(|Z| < z_{\alpha/2}) = 1 - \alpha$ 이므로,

$P(\bar{x} - z_{\alpha/2}\frac{\sigma}{\sqrt{n}} < \mu < \bar{x} + z_{\alpha/2}\frac{\sigma}{\sqrt{n}}) = 1 - \alpha$ 이다.

따라서, $(\bar{x} - z_{\alpha/2}\frac{\sigma}{\sqrt{n}},\ \bar{x} + z_{\alpha/2}\frac{\sigma}{\sqrt{n}})$

: **유의수준(significance level)** $\alpha$를 갖는 모평균 $\mu$의 신뢰구간.

(2) $1-\alpha$: 신뢰도, $\alpha$ : 유의수준(significance level)

| $1-\alpha$ | 0.90 | 0.95 | 0.99 |
|---|---|---|---|
| $z_{\alpha/2}$ | 1.64 | 1.96 | 2.58 |

**예제 20.11**

$X \sim N(\mu, 3^2)$, 크기가 40인 표본, $X_1, \cdots, X_{40}$ 의 $\bar{x}=30$ 일 때, 90% 신뢰수준으로 모평균 $\mu$의 신뢰구간을 구하라.

**풀이** $\sigma^2=3^2$ 이고, $\alpha=0.1$ 이므로, $\alpha/2=0.05$, $z_{0.05}=1.645$.

따라서 신뢰구간은 $(30-1.645\frac{3}{\sqrt{40}},\ 30+1.645\frac{3}{\sqrt{40}})$

$=(30-0.7802,\ 30+0.7802)$

$=(29.2198,\ 30.7802)$.

▶ **참고 20.12**

[t 분포에서 모평균 $\mu$의 $\alpha$ 신뢰구간]

$X \sim N(\mu, \sigma^2)$, 크기가 $n(\leq 30)$인 표본, $X_1, \cdots, X_n$,

$\sigma=s=$표본 표준편차, $T=\frac{\bar{X}-\mu}{s/\sqrt{n}} \sim t(n-1)$, $n-1=r$.

(a) $P(T < -t_\alpha(r))=P(T > t_\alpha(r))=\alpha$, 즉 $P(|T| > t_{\alpha/2}(r))=\alpha$.

(b) $-t_{\alpha/2}(r) < \dfrac{\overline{X}-\mu}{s/\sqrt{n}} < t_{\alpha/2}(r)$

따라서, 신뢰구간 : $(\overline{x}-t_{\alpha/2}(r)\dfrac{s}{\sqrt{n}},\ \overline{x}+t_{\alpha/2}(r)\dfrac{s}{\sqrt{n}})$.

**예제 20.13**

(1) $X \sim t(r) \Rightarrow E(X)=0,\ Var(X)=\dfrac{r}{r-2},(r \geq 3)$.

(2) $N(\mu,\sigma^2)$으로부터 크기 n=15인 표본의 $\overline{x}=20$ 이고, $s^2=3^2$ 일 때, 95% 신뢰수준으로 **모평균** $\mu$의 신뢰구간을 구하라.

**풀이** (2) 미지의 $\sigma^2$, n=15($\leq$ 30) 이므로,

$t_{\alpha/2}=t_{0.025}=2.145$(t-분포표 이용).

신뢰구간 : $(20-2.145\dfrac{3}{\sqrt{15}},\ 20+2.145\dfrac{3}{\sqrt{15}})$

$=(18.3385,\ 21.6615)$.

**요약 20.14**

(1) 기지(known)의 $\sigma$,

신뢰구간 : $(\overline{x}-z_{\alpha/2}\dfrac{\sigma}{\sqrt{n}},\overline{x}+z_{\alpha/2}\dfrac{\sigma}{\sqrt{n}})$ .

(2) 미지(unknown)의 $\sigma$, n > 30,

신뢰구간 : $(\bar{x}-z_{\alpha/2}\frac{s}{\sqrt{n}}, \bar{x}+z_{\alpha/2}\frac{s}{\sqrt{n}})$

(3) 미지의 $\sigma$, $n \le 30$, 신뢰구간 :

$(\bar{x}-t_{\alpha/2}(n-1)\frac{s}{\sqrt{n}}, \bar{x}+t_{\alpha/2}(n-1)\frac{s}{\sqrt{n}})$

**▶ 참고 20.15**

(1) 자유도(d,f)가 r인 $\chi^2$ r.v. 을 $\chi^2(r)$ 이라고 하면,

$\chi^2(r) = \sum_{j=1}^{r} Z_j^2$ , $Z_j \sim N(0,1^2)$, $Z_j$들은 서로 독립.

$E(Z^2)=1, E(Z^4)=3 \Rightarrow Var(Z^2)=E(Z^4)-E(Z^2)^2=2$.

$E[\chi^2(r)]=r$, $Var[\chi^2(r)]=2r$,

중심극한정리에 의해서, r > 30, $\chi^2(r) \approx N(r,2r)$.

$\chi^2$ r.v. 의 **백분위수(percentile)**를 $\chi^2_\alpha(r)$ 라고하면, 즉

$X \sim \chi^2(r) \Rightarrow P(\ X > \chi^2_\alpha(r)\ )=\alpha$ , $P(\ X < \chi^2_{1-\alpha}(r)\ )=\alpha$.

(2) **모분산** $\sigma^2$의 신뢰구간 $\frac{(n-1)S^2}{\sigma^2} \sim \chi^2(n-1)$ 이므로,

$$P(\chi^2_{1-\alpha/2}(n-1) < \frac{(n-1)S^2}{\sigma^2} < \chi^2_{\alpha/2}(n-1)) = 1-\alpha,$$

$$P(\frac{(n-1)S^2}{\chi^2_{\alpha/2}(n-1)} < \sigma^2 < \frac{(n-1)S^2}{\chi^2_{1-\alpha/2}(n-1)}) = 1-\alpha,$$

따라서, $\sigma^2$의 신뢰구간(CI) :

$$\left(\frac{(n-1)S^2}{\chi^2_{\alpha/2}(n-1)}, \frac{(n-1)S^2}{\chi^2_{1-\alpha/2}(n-1)}\right).$$

$\sigma$의 신뢰구간 : $\left(\sqrt{\frac{(n-1)S^2}{\chi^2_{\alpha/2}(n-1)}}, \sqrt{\frac{(n-1)S^2}{\chi^2_{1-\alpha/2}(n-1)}}\right).$

**예제 20.16**

$N(\mu,\sigma^2)$으로부터 크기가 20인 표본, $(X_j)_{j=1}^{20}$, 표본 분산값 $s^2=8$ 일 때, 모분산 $\sigma^2$ 의 95% 신뢰수준에서의 신뢰구간을 구하라.

**풀이** $1-\alpha=0.95$ 이므로, $\alpha/2=0.025$. n=20 이므로,

자유도(d.f.)=n−1=19.

따라서, 모분산의 신뢰구간은 $\frac{19.8}{32.85} < \sigma^2 < \frac{19.8}{8.907}$,

i.e., $\sigma^2 \in (4.63,\ 17.06)$ .

▶ **참고 20.17**

[**모비율**(proportions) p에 대한 신뢰구간]

$X \sim B(n,p)$, $\hat{p}=\frac{x}{n}$, 미지의 모수 p를 모비율(proportion)이라 부른다.

(1) p의 신뢰구간

$n \geq 30$, $X \sim B(n,\ p) \approx N(np,\ np(1-p))$

(De Moivre-Laplace 정리)

$$\Rightarrow \hat{p} = \frac{x}{n} \approx N(p, p(1-p)) \ : \ \frac{\hat{p}-p}{\sqrt{\frac{p(1-p)}{n}}} \approx N(0, 1^2)$$

$$\Rightarrow P(-z_{\alpha/2} < \frac{\hat{p}-p}{\sqrt{\frac{p(1-p}{n}}} < z_{\alpha/2}) = 1-\alpha$$

$$\Rightarrow P(\hat{p} - z_{\alpha/2}\sqrt{\frac{\hat{p}(1-\hat{p})}{n}} < p < \hat{p} + z_{\alpha/2}\sqrt{\frac{\hat{p}(1-\hat{p}}{n}}) = 1-\alpha.$$

(2) 선거에서 n=400명의 유권자가 A 후보를 x=160명이 선택하였고, B 후보를 240명이 선택 하였을 때, A후보를 선택한 모비율의 90% 수준의 신뢰구간을 구하라.

**풀이** $\hat{p}$=160/400=0.4, $z_{0.05} = 1.645$ 이므로,

신뢰구간 : $(0.4-1.645\sqrt{\frac{0.4\times0.6}{400}},$

$0.4+1.645\sqrt{\frac{0.4\times0.6}{400}})$

$=(0.4-0.04,\ 0.4+0.04)=(0.36,\ 0.44).$

**▶ 참고 20.18**

**[ 두 모비율의 차에 대한 신뢰구간 ]**

(1) $X \sim B(n_1, p_1), Y \sim B(n_2, p_2)$, $\hat{p_1} = \frac{x}{n_1}, \hat{p_2} = \frac{y}{n_2}$,

$$\hat{p_1}-\hat{p_2} \approx N(p_1-p_2, \frac{p_1(1-p_1)}{n_1}+\frac{p_2(1-p_2)}{n_2})$$

$$w=\frac{\hat{p_1}-\hat{p_2}-(p_1-p_2)}{\sqrt{\frac{p_1(1-p_1)}{n_1}+\frac{p_2(1-p_2)}{n_1}}} \approx N(0,1^2)$$

$$\Rightarrow P(w \in [-z_{\alpha/2}, z_{\alpha/2}]) = 1-\alpha$$

따라서, 유의수준 $\alpha$에서의 $p_1-p_2$의 신뢰구간

$$(\hat{p_1}-\hat{p_2}-Z_{\alpha/2}\sqrt{\frac{\hat{p_1}(1-\hat{p_1})}{n_1}+\frac{\hat{p_2}(1-\hat{p_2})}{n_1}},$$

$$\hat{p_1}-\hat{p_2}+Z_{\alpha/2}\sqrt{\frac{\hat{p_1}(1-\hat{p_1})}{n_1}+\frac{\hat{p_2}(1-\hat{p_2})}{n_1}}).$$

(2) 세제 A는 $n_1$=200 개의 얼룩 중 x=144개를 제거하였고, 세제 B는 $n_2$=100개의 얼룩 중 y=81개를 제거하였을 때, 그들의 효율성의 차, $p_1-p_2$, 에 대한 90% 신뢰수준에서 신뢰구간을 구하라.

**풀이** $\hat{p_1}=\frac{144}{200}=0.72$, $\hat{p_2}=\frac{81}{100}=0.81$ 이므로,

$p_1-p_2$에 대한 90% 신뢰구간 :

$$[0.72-0.81-1.645\sqrt{\frac{0.72\times0.28}{200}+\frac{0.81\times0.19}{100}},$$

$$0.72-0.81+1.645\sqrt{\frac{0.72\times0.28}{200}+\frac{0.81\times0.19}{100}}]$$

$$=[-0.09-0.08,\ -0.09+0.08]=[-0.17,\ -0.01].$$

**▶ 참고 20.19 [최소표본의 크기]**

(1) (a) 기지(known)의 $\sigma^2$, $N(\mu,\sigma^2)$의 평균 $\mu$를 추정할 때, 신뢰구간의 길이의 반이 $z_{\alpha/2}\frac{\sigma}{\sqrt{n}}$ 이므로,

$$\forall\epsilon > 0,\ z_{\alpha/2}\frac{\sigma}{\sqrt{n}} \le \epsilon \Rightarrow n \ge \frac{z_{\alpha/2}^2\sigma^2}{\epsilon^2}.$$

( ∵ 신뢰수준 $1-\alpha$에서의 신뢰구간의 길이$\le 2\epsilon$ )

(b) 이항분포, $B(n,p)$, 의 모비율 p를 추정할 때, 신뢰구간의 길이의 반이 $z_{\alpha/2}\sqrt{\frac{\hat{p}(1-\hat{p})}{n}}$ 이므로,

(1) $\forall\epsilon > 0,\ z_{\alpha/2}\sqrt{\frac{\hat{p}(1-\hat{p})}{n}} \le \epsilon \Rightarrow n \ge \frac{z_{\alpha/2}^2\hat{p}(1-\hat{p})}{\epsilon^2}$

(2) $\forall 0 < \hat{p} < 1,\ \hat{p}(1-\hat{p}) \le \frac{1}{4} \Rightarrow n \ge \frac{z_{\alpha/2}^2}{4\epsilon^2}$

(2) 참고 20.17 (2)로부터, 95% 신뢰구간의 오차의 한계(margin)가 0.03보다 작게 하려면 몇 명이 투표할 필요가 있는가?

**풀이** $\alpha = 0.05$ 이므로, $\epsilon = 0.03$, $z_{\alpha/2} = z_{0.025} = 1.96$ 이고,

$$\Rightarrow n \ge \frac{z_{\alpha/2}^2}{4\epsilon^2} = \frac{(1.96)^2}{4\times(0.03)^2} = 1067.11,$$

따라서, 투표하는데, 적어도 1068명이 필요하다.

## 연습문제

**20.1** 125명의 유권자중 78명이 A후보를 지지하고 있다고 가정했을 때, A 후보를 지지하는 모비율 p에 대한 95% 신뢰구간을 구하라.

정답 0.54, 0.70

**20.2** 평균 $\lambda = 2.1$ 인 Poisson 분포를 갖는 모집단으로부터 n=60 인 확률 표본 $X_1, \cdots, X_{60}$ 을 추출할 때, 모평균 $\lambda$ 에 대한 90% 신뢰구간을 구하라.

정답 1.82, 2.43

**20.3** $N(\mu, 9^2)$ 분포로부터 크기 n=50 인 확률표본 $\overline{X}$의 관찰된 값 $\overline{x}=82$ 일 때, $\mu$ 에 대한 99% 신뢰구간을 구하라.

정답 79.0395, 84.9605

# 제21장 가설의 검정 (Testing Hypothesis)

**정의 21.1**

(1) **귀무가설**(null hypothesis) $H_0$는 일반적으로 기본적이고 단순한(simple)가설, **대립가설**(alternative hypothesis) $H_1$은 통상적으로 새로운 사실을 주장하는 복합적인(composite)가설, 예를 들면,

$H_0 : p = p_0$ (귀무가설) $H_1 : p > p_0$ (대립가설).

(2) 귀무가설과 대립가설 중 반드시 어느 하나는 옳고 다른 하나는 그를 것이므로, 귀무가설이 옳다고 검정되면, 귀무가설을 **채택**(accept)하고, 그르다고 검정되면, 귀무가설을 **기각**(reject)한다.

(3) 가설의 검정결과는

(a) 주어진 귀무가설은 유의수준 $\alpha$에서 채택된다. 또는

(b) 주어진 귀무가설은 유의수준 $\alpha$에서 기각된다. 의 형식으로 기술한다(state).

(4) (a) 귀무가설이 실제로 옳음에도 대립가설을 채택 하는 오류를 **제1종 오류**(type I error)라고 한다.

(b) 대립가설이 실제로 옳음에도 귀무가설을 채택하는 오류를 **제2종 오류**(type II error)라고 한다.

(5) (a) 제1종 오류를 범할 확률을 유의 수준 $\alpha$, 제2종 오류를 범할 확률을 $\beta$라고 하자.

(b) $K=1-\beta$ 를 **검정력**(power of test)이라고 부른다.

(6) 검정의 형태는 **양면 검정**(two-sided test)과 **일면 검정**(one-sided test)이 있는데, 예를 들면,

(a) $p=p_0$ or $p\neq p_0$, 이 둘 중에 어느 것이 옳은가? 는 양면 검정 형식이고,

(b) $p\leq p_0$ or $p > p_0$, 이 둘 중에 어느 것이 옳은가? 는 일면 검정 형식이다.

(7) 실험을 통해 얻은 미지의 모수 p의 추정량(estimator) $\hat{p}$ 가 **임계값**(critical value) c와 비교하여, $\hat{p}\geq c$ 이면, 대립가설 $H_1$을 채택하고, $\hat{p}< c$ 이면, 귀무가설 $H_0$을 채택한다. 이때, 구간 $\hat{p}\geq c$를 **임계영역**(critical region)이라고 부른다.

▶ **참고 21.2 [임계값 c 의 선택(choice)]**

$X \sim B(n,p)$, $\hat{p}=\frac{81}{100}=0.81$, 주어진 $\alpha$에 대하여,

$$\alpha = P(\hat{p}\geq c;\ \text{귀무가설 } H_0 : \text{참(true)})$$

$$= P\left(\frac{x}{n} \geq c\ ;\ p=p_0\right) \approx 1-\Phi\left(\frac{c-p_0}{\sqrt{p_0(1-p_0)/n}}\right)$$

(∵De Moivre−Laplace 정리에 의해서, $x \approx N(np,\ np(1-p))$,

$\frac{x}{n} \approx N(p, \frac{p(1-p)}{n})$, $H_0$가 참이라고 가정했으므로,

$p = p_0 = 0.72, 1-p = 1-p_0 = 0.28$ )

그러므로, $\frac{c-p_0}{\sqrt{p_0(1-p_0)/n}} = z_\alpha$ .

$c = p_0 + Z_\alpha \sqrt{p_0(1-p_0)/n}$.

예를 들어, $\alpha = 0.05$ 이면,

$z_{0.05} = 1.645, c = 0.72 + 1.645\sqrt{0.72 \times 0.28/100} = 0.794$.

$\hat{p} = 0.81 > c = 0.794$ 이므로, 95% 신뢰수준으로, 대립가설 $H_1$을 채택한다.

그리고, $\hat{p} > c = p_0 + z_\alpha \sqrt{p_0(1-p_0)/n}$

$\Leftrightarrow Z = \frac{\hat{p} - p_0}{\sqrt{p_0(1-p_0)/n}} > z_\alpha$ , $Z \approx N(0,1^2)$ .

이때, Z는 주어진 가설을 검정하는 데 사용되어, 검정 통계량(test statistic)이라고 부르고, 임계영역은 $Z > z_\alpha$ 이다.

$Z = \frac{0.81 - 0.72}{\sqrt{0.72 \times 0.28/100}} = 2.00 > z_{0.05} = 1.645$ 이므로 임계영역에 있다, 따라서, 대립가설을 채택한다.

**▶ 참고 21.3 [ 검정력(power of the test) ]**

(1) $\beta = P(\hat{p} < c; H_1$ : 참(true))

$= P(x/n < c\ ;\ p > p_0) \approx \Phi(\frac{c-p}{\sqrt{p(1-p)/n}})$

이때, $K = 1-\beta$를 검정력이라고 부른다.

(2) 참고 21.2.로부터, p=0.85 이면,

$$\beta = \Phi(\frac{0.794-0.85}{\sqrt{0.85\times0.15/100}}) = \Phi(-1.57) = 0.0582$$ 이므로,

검정력 $K = 1- \beta = 0.9418$.

### ▶ 참고 21.4 [p-값(p-value)]

(1) $\alpha >$ p−값 이면, $H_1$을 채택하고, $\alpha <$ p−값 이면, $H_1$을 기각하는 확률값(probability)이 존재하는데, 이 확률값을 p−값(p−value)이라고 한다.

(2) 참고 21.2.로부터,
$$\text{p-값} = 1 - \Phi(\frac{0.81-0.72}{\sqrt{0.72\times0.28/100}}) = 1 - \Phi(2.00) = 0.0228.$$

그러므로, 임의의 $\alpha > 0.0228$ 이면, $H_1$을 채택하고, 임의의 $\alpha < 0.0228$ 이면, $H_1$을 기각한다.

### ▶ 참고 21.5 [모비율 p에 대한 가설의 검정]

(1) **검정 통계량**(test statistic) $Z = \frac{x/n - p_0}{\sqrt{p_0(1-p_0)/n}}$

| $H_0$ | $H_1$ | 임계영역 | p−값 | 검정 통계량 |
|---|---|---|---|---|
| $p = p_0$ | $p > p_0$ | $Z > z_\alpha$ | $1-\Phi(Z)$ | Z |
| $p = p_0$ | $p < p_0$ | $Z < -z_\alpha$ | $\Phi(Z)$ | Z |
| $p = p_0$ | $p \neq p_0$ | $\lvert Z\rvert > z_{\alpha/2}$ | $2[1-\Phi(\lvert Z\rvert)]$ | Z |

(2) 검정 통계량 $Z = \dfrac{x/n_1 - y/n_2}{\sqrt{\hat{p}(1-\hat{p})(1/n_1 + 1/n_2)}}$, $\hat{p} = \dfrac{x+y}{n_1+n_2}$.

| $H_0$ | $H_1$ | 임계영역 | p-값 | 검정 통계량 |
|---|---|---|---|---|
| $p_1 = p_2$ | $p_1 > p_2$ | $Z > z_\alpha$ | $1-\Phi(Z)$ | Z |
| $p_1 = p_2$ | $p_1 < p_2$ | $Z < -z_\alpha$ | $\Phi(Z)$ | Z |
| $p_1 = p_2$ | $p_1 \neq p_2$ | $\lvert Z \rvert > z_{\alpha/2}$ | $2[1-\Phi(\lvert Z \rvert)]$ | Z |

**예제 21.6**

(1) $n_1$=96명의 환자 중 x=71명이 청력검사에서 불량이고,

$n_2$ = 119명의 건강한 사람 중 y=76명이 불량일 때,

$p_1$, $p_2$를 각각 환자와 건강한 사람들이 청력검사에서 불량일 확률이라고 하고,

귀무가설 $H_0$ : $p_1 = p_2$,

대립가설 $H_1$ : $p_1 > p_2$.

$$\hat{p} = \frac{x+y}{n_1+n_2} = \frac{71+76}{96+119} = 0.6837,$$

$$Z = \frac{\dfrac{71}{96} - \dfrac{76}{19}}{\sqrt{0.6837 \times 0.3163(1/96 + 1/119)}} = 1.5825.$$

(a) $\alpha$=0.1 이면, $Z > z_{0.1} = 1.282$ 이므로, $H_1$을 채택한다.

(b) $\alpha$=0.05 이면, $Z < z_{0.05} = 1.645$ 이므로, $H_1$을 기각한다.

이때, p−값=$1-\Phi(1.5825) = 0.0571$ 이다.

**▶ 참고 21.7 [정규분포에서의 가설의 검정]**

(1) $H_0 : \mu = \mu_0$ , $H_1 : \mu > \mu_0$ , 검정 통계량 $Z = \dfrac{\overline{X} - \mu_0}{\sigma / \sqrt{n}}$

| $H_0$ | $H_1$ | 임계영역 | p−값 | 검정 통계량 |
|---|---|---|---|---|
| $\mu = \mu_0$ | $\mu > \mu_0$ | $Z > z_\alpha$ | $1-\Phi(Z)$ | Z |
| $\mu = \mu_0$ | $\mu < \mu_0$ | $Z < -z_\alpha$ | $\Phi(Z)$ | Z |
| $\mu = \mu_0$ | $\mu \neq \mu_0$ | $\lvert Z \rvert > z_{\alpha/2}$ | $2[1-\Phi(\lvert Z \rvert)]$ | Z |

(2) $\overline{x} = 64$ , $\mu_0 = 60$, $\sigma^2 = 10^2$, n=25 일 때,

$Z = \dfrac{64-60}{10/\sqrt{25}}$=2 이므로,

(a) $\alpha$=0.05 이면, $Z > z_{0.05} = 1.645$ 이므로, $H_1$을 채택한다.

(b) $\alpha$=0.025 이면, $Z > z_{0.025} = 1.96$ 이므로, $H_1$을 채택한다.

(c) $\alpha$=0.01 이면, $Z < z_{0.01} = 2.326$ 이므로, $H_0$을 채택한다.

이때, p−값=$1-\Phi(2) = 0.0228$ 이므로, 위험수준(risk level) 이 2.28% 이다.

### ▶ 참고 21.8 [t 분포에서의 가설의 검정]

(1) 검정 통계량 $T=\dfrac{\overline{X}-\mu}{s/\sqrt{n}}$, F(x)가 자유도 n−1인 t r.v. 의 분포 함수.

| $H_0$ | $H_1$ | 임계영역 | p−값 |
|---|---|---|---|
| $\mu=\mu_0$ | $\mu>\mu_0$ | $T>t_\alpha(n-1)$ | $1-F(T)$ |
| $\mu=\mu_0$ | $\mu<\mu_0$ | $T<-t_\alpha(n-1)$ | $F(T)$ |
| $\mu=\mu_0$ | $\mu\neq\mu_0$ | $\lvert T\rvert>t_{\frac{\alpha}{2}}(n-1)$ | $2[1-F(\lvert T\rvert)]$ |

(2) n=24, $\overline{x}=0.079$, s=0.255 일 때, $H_0:\mu=0$ , $H_1:\mu>0$, 을 5%의 유의수준으로 검정하라.

**풀이** $T=\dfrac{0.0790-0}{0.255/\sqrt{24}}=1.518$ 이고, $T<t_{0.05}(23)=1.714$ 이므로, $H_0$를 채택한다. $t_{0.1}(23)=1.319, t_{0.05}(23)=1.714$, p−값$\in(0.05,0.1)$, (계산기 사용시 p−값=0.0713).

### ▶ 참고 21.9 [분산 $\sigma^2$에 대한 검정]

(1) 검정 통계량 $\chi^2=\dfrac{(n-1)S^2}{\sigma_0^2}$, $\chi^2$은 자유도 n−1인 카이제곱 분포를 가질 때,

| $H_0$ | $H_1$ | 임계영역 |
|---|---|---|
| $\sigma^2=\sigma_0^2$ | $\sigma^2>\sigma_0^2$ | $\chi^2>\chi_\alpha^2(n-1)$ |
| $\sigma^2=\sigma_0^2$ | $\sigma^2<\sigma_0^2$ | $\chi^2<\chi_{1-\alpha}^2(n-1)$ |
| $\sigma^2=\sigma_0^2$ | $\sigma^2\neq\sigma_0^2$ | $\chi^2>\chi_{\alpha/2}^2(n-1)$ or<br>$\chi^2<\chi_{1-\alpha/2}^2(n-1)$ |

(2) n=16, $\bar{x}=10$ , $s^2=8$, $H_0:\sigma^2=16$, $H_1:\sigma^2<16$,을 유의수준 1%에서 검정하라.

**풀이** 검정 통계량 $\chi^2=\dfrac{15\times8}{16}=7.5$ 이고

$\chi^2<\chi_{0.99}^2(15)=5.229$ 이므로 임계영역에 속하지 않는다.

따라서, $H_0$를 채택한다.

$\chi_{0.95}^2(15)=7.261.,\chi_{0.90}^2(15)=8.547$,

p-값$\in(0.05,0.1)$, (계산기 사용시 p-값=0.0577).

## 연습문제

**21.1** $N(\mu,\sigma^2)$ 분포로부터 크기 n=29인 확률표본의 $\overline{x}=217$, $s^2=5.5$ 일 때 귀무가설 $H_0 : \sigma = 2$ 대립가설 $H_1 : \sigma \neq 2$ 를 유의수준 10%에서 가설을 검정하라.

**정답** $\chi^2$검정 통계량을 사용하면, $H_0$를 채택한다

**21.2** $n_1 = 500$, x=46, $n_2 = 1000$, y=104 일 때

귀무가설 $H_0 : p_1 = p_2$

대립가설 $H_1 : p_1 \neq p_2$

를 유의수준 $\alpha = 0.02$에서 가설을 검정하고, p-값도 구하라.

**정답** $\hat{p}=0.1$, $Z=-0.73$, 임계영역 : $|Z| > z_{0.01} = 2.326$ 이므로 귀무가설 $H_0$를 채택한다. p-값$=2[1-\Phi(0.73)]=2(1-0.7673)=0.4654$

**21.3** $N(\mu,2^2)$에서 크기 n=100인 확률표본을 추출했을 때,

귀무가설 $H_0 : \mu = 1$

대립가설 $H_1 : \mu > 1$에 대하여, 임계영역 : $\overline{x} > 1.5$ 이면,

$\alpha$, $\beta$, $K(\mu)$는 각각 얼마인가?

**정답** $\alpha = 1-\Phi(\frac{1.5-1}{0.2}) = 1-\Phi(2.5) = 0.0062$,

$\beta = \Phi(\frac{1.5-\mu}{0.2})$, $K(\mu) = 1-\Phi(\frac{1.5-\mu}{0.2})$

# 참고문헌

〔1〕 R. Bhattacharya and E. C. Waymire, *A Basic Course in Probability Theory*, Universitext, Springer, 2007.

〔2〕 I. F. Blake, *An Introduction to Applied Probability*, Wiley, 1979.

〔3〕 P. G. Hoel, S. C. Port, and C. J. Stone, *Introduction to Probability Theory*, Houghton Mifflin Co, 1972.

〔4〕 R. V. Hogg & A. T. Craig, *Introduction to Mathematical Statistics*, 5th edition, Prentice-Hall, 1995.

〔5〕 A. N. Kolmogorov, *Foundations of the Theory of Probability*, 2ed, Chelsea, 1956.

〔6〕 L. B. Koralov and Y. G. Sinai, *Theory of Probability and Random Processes*, 2nd edition, Springer, 2007.

〔7〕 J. Lamperti, *Probability*, Benjamin, 1966.

〔8〕 A. Leon-Garcia, *Probability and Random Processes for Electrical Engineering*, AW, 1989.

〔9〕 A. Renyi, *Calcul des Probabilites*, Dunod, 1966.

〔10〕 S. M. Ross, *Introduction to Probability Models*, 3rd edition, AP, 1985.

〔11〕 S. Ross, *A First Course in Probability 5th ed*, Prentice Hall, 1998.

〔12〕 Y. G. Sinai, *Finite-dimensional randomness Russ*, Math. Surv. 46, 1991.

# 부 록

1. Poisson 분포표
2. $\chi^2$ 분포표
3. 표준 정규 분포표
4. $t$ 분포표
5. $F$ 분포표

# 1. Poisson 분포표

$$P(X \leq x) = \sum_{s=0}^{x} \frac{\mu^s e^{-\mu}}{s!}$$

| x | $\mu = E(X)$ | | | | | | | | | | | |
|---|---|---|---|---|---|---|---|---|---|---|---|---|
| | 0.5 | 1.0 | 1.5 | 2.0 | 3.0 | 4.0 | 5.0 | 6.0 | 7.0 | 8.0 | 9.0 | 10.0 |
| 0 | 0.607 | 0.368 | 0.223 | 0.135 | 0.050 | 0.018 | 0.007 | 0.002 | 0.001 | 0.000 | 0.000 | 0.000 |
| 1 | 0.910 | 0.736 | 0.558 | 0.406 | 0.199 | 0.092 | 0.040 | 0.017 | 0.007 | 0.003 | 0.001 | 0.000 |
| 2 | 0.986 | 0.920 | 0.809 | 0.677 | 0.423 | 0.238 | 0.125 | 0.062 | 0.030 | 0.014 | 0.006 | 0.003 |
| 3 | 0.998 | 0.981 | 0.934 | 0.857 | 0.647 | 0.433 | 0.265 | 0.151 | 0.082 | 0.042 | 0.021 | 0.010 |
| 4 | 1.000 | 0.996 | 0.981 | 0.947 | 0.815 | 0.629 | 0.440 | 0.285 | 0.173 | 0.100 | 0.055 | 0.029 |
| 5 | | 0.999 | 0.996 | 0.983 | 0.916 | 0.785 | 0.616 | 0.446 | 0.301 | 0.191 | 0.116 | 0.067 |
| 6 | | 1.000 | 0.999 | 0.995 | 0.966 | 0.889 | 0.762 | 0.606 | 0.450 | 0.313 | 0.207 | 0.130 |
| 7 | | | 1.000 | 0.999 | 0.988 | 0.949 | 0.867 | 0.744 | 0.599 | 0.453 | 0.324 | 0.220 |
| 8 | | | | 1.000 | 0.996 | 0.979 | 0.932 | 0.847 | 0.729 | 0.593 | 0.456 | 0.333 |
| 9 | | | | | 0.999 | 0.992 | 0.968 | 0.916 | 0.830 | 0.717 | 0.587 | 0.458 |
| 10 | | | | | 1.000 | 0.997 | 0.986 | 0.957 | 0.901 | 0.816 | 0.706 | 0.583 |
| 11 | | | | | | 0.999 | 0.995 | 0.980 | 0.947 | 0.888 | 0.803 | 0.697 |
| 12 | | | | | | 1.000 | 0.998 | 0.991 | 0.973 | 0.936 | 0.876 | 0.792 |
| 13 | | | | | | | 0.999 | 0.996 | 0.987 | 0.966 | 0.926 | 0.864 |
| 14 | | | | | | | 1.000 | 0.999 | 0.994 | 0.983 | 0.959 | 0.917 |
| 15 | | | | | | | | 0.999 | 0.998 | 0.992 | 0.978 | 0.951 |
| 16 | | | | | | | | 1.000 | 0.999 | 0.996 | 0.989 | 0.973 |
| 17 | | | | | | | | | 1.000 | 0.998 | 0.995 | 0.986 |
| 18 | | | | | | | | | | 0.999 | 0.998 | 0.993 |
| 19 | | | | | | | | | | 1.000 | 0.999 | 0.997 |
| 20 | | | | | | | | | | | 1.000 | 0.998 |
| 21 | | | | | | | | | | | | 0.999 |
| 22 | | | | | | | | | | | | 1.000 |

## 2. $X^2$ 분포

$$P(X \le x) = \int_0^x \frac{1}{\Gamma(\frac{r}{2})2^{\frac{r}{2}}} u^{\frac{r}{2}-1} e^{-\frac{u}{2}} du$$

| r | $P(X \le x)$ | | | | | |
|---|---|---|---|---|---|---|
| | 0.01 | 0.025 | 0.050 | 0.95 | 0.975 | 0.99 |
| 1 | 0.000 | 0.001 | 0.004 | 3.84 | 5.02 | 6.63 |
| 2 | 0.020 | 0.051 | 0.103 | 5.99 | 7.38 | 9.21 |
| 3 | 0.115 | 0.216 | 0.352 | 7.81 | 9.35 | 11.3 |
| 4 | 0.297 | 0.484 | 0.711 | 9.49 | 11.1 | 13.3 |
| 5 | 0.554 | 0.831 | 1.15 | 11.1 | 12.8 | 15.1 |
| 6 | 0.872 | 1.24 | 1.64 | 12.6 | 14.4 | 16.8 |
| 7 | 1.24 | 1.69 | 2.17 | 14.1 | 16.0 | 18.5 |
| 8 | 1.65 | 2.18 | 2.73 | 15.5 | 17.5 | 20.1 |
| 9 | 2.09 | 2.70 | 3.33 | 16.9 | 19.0 | 21.7 |
| 10 | 2.56 | 3.25 | 3.94 | 18.3 | 20.5 | 23.2 |
| 11 | 3.05 | 3.82 | 4.57 | 19.7 | 21.9 | 24.7 |
| 12 | 3.57 | 4.40 | 5.23 | 21.0 | 23.3 | 26.2 |
| 13 | 4.11 | 5.01 | 5.89 | 22.4 | 24.7 | 27.7 |
| 14 | 4.66 | 5.63 | 6.57 | 23.7 | 26.1 | 29.1 |
| 15 | 5.23 | 6.26 | 7.26 | 25.0 | 27.5 | 30.6 |
| 16 | 5.81 | 6.91 | 7.96 | 26.3 | 28.8 | 32.0 |
| 17 | 6.41 | 7.56 | 8.67 | 27.6 | 30.2 | 33.4 |
| 18 | 7.01 | 8.23 | 9.39 | 28.9 | 31.5 | 34.8 |
| 19 | 7.63 | 8.91 | 10.1 | 30.1 | 32.9 | 36.2 |
| 20 | 8.26 | 9.59 | 10.9 | 31.4 | 34.2 | 37.6 |
| 21 | 8.90 | 10.3 | 11.6 | 32.7 | 35.5 | 38.9 |
| 22 | 9.54 | 11.0 | 12.3 | 33.9 | 36.8 | 40.3 |
| 23 | 10.2 | 11.7 | 13.1 | 35.2 | 38.1 | 41.6 |
| 24 | 10.9 | 12.4 | 13.8 | 36.4 | 39.4 | 43.0 |
| 25 | 11.5 | 13.1 | 14.6 | 37.7 | 40.6 | 44.3 |
| 26 | 12.2 | 13.8 | 15.4 | 38.9 | 41.9 | 45.6 |
| 27 | 12.9 | 14.6 | 16.2 | 40.1 | 43.2 | 47.0 |
| 28 | 13.6 | 15.3 | 16.9 | 41.3 | 44.5 | 48.3 |
| 29 | 14.3 | 16.0 | 17.7 | 42.6 | 45.7 | 49.6 |
| 30 | 15.0 | 16.8 | 18.5 | 43.7 | 47.0 | 50.9 |

## 3. 표준 정규 분포

$$P(X \leq x) = \Phi(x) = \int_{-\infty}^{x} \frac{1}{\sqrt{2\pi}} e^{-w^2/2} dw$$

$$[\Phi(-x) = 1 - \Phi(x)]$$

| X | $\Phi$(X) | X | $\Phi$(X) | X | $\Phi$(X) |
|---|---|---|---|---|---|
| 0.00 | 0.500 | 1.10 | 0.864 | 2.05 | 0.980 |
| 0.05 | 0.520 | 1.15 | 0.875 | 2.10 | 0.982 |
| 0.10 | 0.540 | 1.20 | 0.885 | 2.15 | 0.984 |
| 0.15 | 0.560 | 1.25 | 0.894 | 2.20 | 0.986 |
| 0.20 | 0.579 | 1.282 | 0.900 | 2.25 | 0.988 |
| 0.25 | 0.599 | 1.30 | 0.903 | 2.30 | 0.989 |
| 0.30 | 0.618 | 1.35 | 0.911 | 2.326 | 0.990 |
| 0.35 | 0.637 | 1.40 | 0.919 | 2.35 | 0.991 |
| 0.40 | 0.655 | 1.45 | 0.926 | 2.40 | 0.992 |
| 0.45 | 0.674 | 1.50 | 0.933 | 2.45 | 0.993 |
| 0.50 | 0.691 | 1.55 | 0.939 | 2.50 | 0.994 |
| 0.55 | 0.709 | 1.60 | 0.945 | 2.55 | 0.995 |
| 0.60 | 0.726 | 1.645 | 0.950 | 2.576 | 0.995 |
| 0.65 | 0.742 | 1.65 | 0.951 | 2.60 | 0.995 |
| 0.70 | 0.758 | 1.70 | 0.955 | 2.65 | 0.996 |
| 0.75 | 0.773 | 1.75 | 0.960 | 2.70 | 0.997 |
| 0.80 | 0.788 | 1.80 | 0.964 | 2.75 | 0.997 |
| 0.85 | 0.802 | 1.85 | 0.968 | 2.80 | 0.997 |
| 0.90 | 0.816 | 1.90 | 0.971 | 2.85 | 0.998 |
| 0.95 | 0.829 | 1.95 | 0.974 | 2.90 | 0.998 |
| 1.00 | 0.841 | 1.960 | 0.975 | 2.95 | 0.998 |
| 1.05 | 0.853 | 2.00 | 0.977 | 3.00 | 0.999 |

## 4. $t$ – 분포

$$P(T \leq t) = \int_{-\infty}^{t} \frac{\Gamma[(r+1)/2]}{\sqrt{\pi r}\,(r/2)(1+u^2/r)^{(r+1)/2}} du$$

$$[P(T \leq -t) = 1 - P(T \leq t)]$$

| | P $(T \leq t)$ | | | | |
|---|---|---|---|---|---|
| r | 0.90 | 0.95 | 0.975 | 0.99 | 0.995 |
| 1 | 3.078 | 6.314 | 12.706 | 31.821 | 63.657 |
| 2 | 1.886 | 2.920 | 4.303 | 3.965 | 9.925 |
| 3 | 1.638 | 2.353 | 3.182 | 4.541 | 5.841 |
| 4 | 1.533 | 2.132 | 2.776 | 3.747 | 4.604 |
| 5 | 1.476 | 2.015 | 2.571 | 3.365 | 4.032 |
| 6 | 1.440 | 1.943 | 2.447 | 3.143 | 3.707 |
| 7 | 1.415 | 1.895 | 2.365 | 2.998 | 3.499 |
| 8 | 1.397 | 1.860 | 2.306 | 2.896 | 3.355 |
| 9 | 1.383 | 1.833 | 2.262 | 2.821 | 3.250 |
| 10 | 1.372 | 1.812 | 2.228 | 2.764 | 3.169 |
| 11 | 1.363 | 1.796 | 2.201 | 2.718 | 3.106 |
| 12 | 1.356 | 1.782 | 2.179 | 2.681 | 3.055 |
| 13 | 1.350 | 1.771 | 2.160 | 2.650 | 3.012 |
| 14 | 1.345 | 1.761 | 2.145 | 2.624 | 2.977 |
| 15 | 1.341 | 1.753 | 2.131 | 2.602 | 2.947 |
| 16 | 1.337 | 1.746 | 2.120 | 2.583 | 2.921 |
| 17 | 1.333 | 1.740 | 2.110 | 2.567 | 2.898 |
| 18 | 1.330 | 1.734 | 2.101 | 2.552 | 2.878 |
| 19 | 1.328 | 1.729 | 2.093 | 2.539 | 2.861 |
| 20 | 1.325 | 1.725 | 2.086 | 2.528 | 2.845 |
| 21 | 1.323 | 1.721 | 2.080 | 2.518 | 2.831 |
| 22 | 1.321 | 1.717 | 2.074 | 2.508 | 2.819 |
| 23 | 1.319 | 1.714 | 2.069 | 2.500 | 2.807 |
| 24 | 1.318 | 1.711 | 2.064 | 2.492 | 2.797 |
| 25 | 1.316 | 1.708 | 2.060 | 2.485 | 2.787 |
| 26 | 1.315 | 1.706 | 2.056 | 2.479 | 2.779 |
| 27 | 1.314 | 1.703 | 2.052 | 2.473 | 2.771 |
| 28 | 1.313 | 1.701 | 2.048 | 2.467 | 2.763 |
| 29 | 1.311 | 1.699 | 2.045 | 2.462 | 2.756 |
| 30 | 1.310 | 1.697 | 2.042 | 2.457 | 2.750 |

## 5. $F$−분포

$$P(F \leq b) = \int_0^b \frac{\Gamma[(r_1+r_2)/2](r_1/r_2)^{r_1/2} u^{r_1 2-1}}{\Gamma(r_1/2)\Gamma(r_2/2)(1+r_1 u/r_2)^{(r_1+r_2)/2}} du$$

| $P(F \leq b)$ | $r_2$ | $r_1$ | | | | | | | | | | | |
|---|---|---|---|---|---|---|---|---|---|---|---|---|---|
| | | 1 | 2 | 3 | 4 | 5 | 6 | 7 | 8 | 9 | 10 | 12 | 15 |
| 0.95 | 1 | 161 | 200 | 216 | 225 | 230 | 234 | 237 | 239 | 241 | 242 | 244 | 246 |
| 0.975 | | 648 | 800 | 864 | 900 | 922 | 937 | 948 | 957 | 963 | 969 | 977 | 985 |
| 0.99 | | 4052 | 4999 | 5403 | 5625 | 5764 | 5859 | 5928 | 5982 | 6023 | 6056 | 6106 | 6157 |
| 0.95 | 2 | 18.5 | 19.0 | 19.2 | 19.2 | 19.3 | 19.3 | 19.4 | 19.4 | 19.4 | 19.4 | 19.4 | 19.4 |
| 0.975 | | 38.5 | 39.0 | 39.2 | 39.2 | 39.3 | 39.3 | 39.4 | 39.4 | 39.4 | 39.4 | 39.4 | 39.4 |
| 0.99 | | 98.5 | 99.0 | 99.2 | 99.2 | 99.3 | 99.3 | 99.4 | 99.4 | 99.4 | 99.4 | 99.4 | 99.4 |
| 0.95 | 3 | 10.1 | 9.55 | 9.28 | 9.12 | 9.01 | 8.94 | 8.89 | 8.85 | 8.81 | 8.79 | 8.74 | 8.70 |
| 0.975 | | 17.4 | 16.0 | 15.4 | 15.1 | 14.9 | 14.7 | 14.6 | 14.5 | 14.5 | 14.4 | 14.3 | 14.3 |
| 0.99 | | 34.1 | 30.8 | 29.5 | 28.7 | 28.2 | 27.9 | 27.7 | 27.5 | 27.3 | 27.2 | 27.1 | 26.9 |
| 0.95 | 4 | 7.71 | 6.94 | 6.59 | 6.39 | 6.26 | 6.16 | 6.09 | 6.04 | 6.00 | 5.96 | 5.91 | 5.86 |
| 0.975 | | 12.2 | 10.6 | 9.98 | 9.60 | 9.36 | 9.20 | 9.07 | 8.98 | 8.90 | 8.84 | 8.75 | 8.66 |
| 0.99 | | 21.2 | 18.0 | 16.7 | 16.0 | 15.5 | 15.2 | 15.0 | 14.8 | 14.7 | 14.5 | 14.4 | 14.2 |
| 0.95 | 5 | 6.61 | 5.79 | 5.41 | 5.19 | 5.05 | 4.95 | 4.88 | 4.82 | 4.77 | 4.74 | 4.68 | 4.62 |
| 0.975 | | 10.0 | 8.43 | 7.76 | 7.39 | 7.15 | 6.98 | 6.85 | 6.76 | 6.68 | 6.62 | 6.52 | 6.43 |
| 0.99 | | 16.3 | 13.3 | 12.1 | 11.4 | 11.0 | 10.7 | 10.5 | 10.3 | 10.2 | 10.1 | 9.89 | 9.72 |

| $P(F \le b)$ | $r_2$ | $r_1$ | | | | | | | | | | | |
|---|---|---|---|---|---|---|---|---|---|---|---|---|---|
| | | 1 | 2 | 3 | 4 | 5 | 6 | 7 | 8 | 9 | 10 | 12 | 15 |
| 0.95 | 6 | 5.99 | 5.14 | 4.76 | 4.53 | 4.39 | 4.28 | 4.21 | 4.15 | 4.10 | 4.06 | 4.00 | 3.94 |
| 0.975 | | 8.81 | 7.26 | 6.60 | 6.23 | 5.99 | 5.82 | 5.70 | 5.60 | 5.52 | 5.46 | 5.37 | 5.27 |
| 0.99 | | 13.7 | 10.9 | 9.78 | 9.15 | 8.75 | 8.47 | 8.26 | 8.10 | 7.98 | 7.78 | 7.72 | 7.56 |
| 0.95 | 7 | 5.59 | 4.74 | 4.35 | 4.12 | 3.97 | 3.87 | 3.79 | 3.73 | 3.68 | 3.64 | 3.57 | 3.51 |
| 0.975 | | 8.07 | 6.54 | 5.89 | 5.52 | 5.29 | 5.12 | 4.99 | 4.90 | 4.82 | 4.76 | 4.67 | 4.57 |
| 0.99 | | 12.2 | 9.55 | 8.45 | 7.85 | 7.46 | 7.19 | 6.99 | 6.84 | 6.72 | 6.62 | 6.47 | 6.31 |
| 0.95 | 8 | 5.32 | 4.46 | 4.07 | 3.84 | 3.69 | 3.58 | 3.50 | 3.44 | 3.39 | 3.35 | 3.28 | 3.22 |
| 0.975 | | 7.57 | 6.06 | 5.42 | 5.05 | 4.82 | 4.65 | 4.53 | 4.43 | 4.36 | 4.30 | 4.20 | 4.10 |
| 0.99 | | 11.3 | 8.65 | 7.59 | 7.01 | 6.63 | 6.37 | 6.18 | 6.03 | 5.91 | 5.81 | 5.67 | 5.52 |
| 0.95 | 9 | 5.12 | 4.26 | 3.86 | 3.63 | 3.48 | 3.37 | 3.29 | 3.23 | 3.18 | 3.14 | 3.07 | 3.01 |
| 0.975 | | 7.21 | 5.71 | 5.08 | 4.72 | 4.48 | 4.32 | 4.20 | 4.10 | 4.03 | 3.96 | 3.87 | 3.77 |
| 0.99 | | 10.6 | 8.02 | 6.99 | 6.42 | 6.06 | 5.80 | 5.61 | 5.47 | 5.35 | 5.26 | 5.11 | 4.96 |
| 0.95 | 10 | 4.96 | 4.10 | 3.71 | 3.48 | 3.33 | 3.22 | 3.14 | 3.07 | 3.02 | 2.98 | 2.91 | 2.85 |
| 0.975 | | 6.94 | 5.46 | 4.83 | 4.47 | 4.24 | 4.07 | 3.95 | 3.85 | 3.78 | 3.72 | 3.62 | 3.52 |
| 0.99 | | 10.0 | 7.56 | 6.55 | 5.99 | 5.64 | 5.39 | 5.20 | 5.06 | 4.94 | 4.85 | 4.71 | 4.56 |
| 0.95 | 12 | 4.75 | 3.89 | 3.49 | 3.26 | 3.11 | 3.00 | 2.91 | 2.85 | 2.80 | 2.75 | 2.69 | 2.62 |
| 0.975 | | 6.55 | 5.10 | 4.47 | 4.12 | 3.89 | 3.73 | 3.61 | 3.51 | 3.44 | 3.37 | 3.28 | 3.18 |
| 0.99 | | 9.33 | 6.93 | 5.95 | 5.41 | 5.06 | 4.82 | 4.64 | 4.50 | 4.39 | 4.30 | 4.16 | 4.01 |
| 0.95 | 15 | 4.54 | 3.68 | 3.29 | 3.06 | 2.90 | 2.79 | 2.71 | 2.64 | 2.59 | 2.54 | 2.48 | 2.40 |
| 0.975 | | 6.20 | 4.77 | 4.15 | 3.80 | 3.58 | 3.41 | 3.29 | 3.20 | 3.12 | 3.06 | 3.96 | 2.86 |
| 0.99 | | 8.68 | 6.36 | 5.42 | 4.89 | 4.56 | 4.32 | 4.14 | 4.00 | 3.89 | 3.80 | 3.67 | 3.52 |

# 연습문제 풀이

## 〈제1장〉

**1.1** (a) $A=(A\cap B^c)\cup(A\cap B)$ 이고, $(A\cap B^c)\cap(A\cap B)=\varnothing$ 이므로,

$P(A)=P(A\cap B^c)+P(A\cap B)$ 이다.

따라서, $P(A\cap B^c)=P(A)-P(A\cap B)=a-c$ .

(b) $A^c\cap B^c=(A\cup B)^c$ 이고,

$P(A\cup B)=P(A)+P(B)-P(A\cap B)$ 이므로.

$$P(A^c\cap B^c)=P((A\cup B)^c)=1-P(A\cup B)$$

$$=1-[P(A)+P(B)-P(A\cap B)]$$

$$=1-(a+b-c)$$ 이다.

(c) $A\triangle B=(A\cap B^c)\cup(B\cap A^c)$ 이고, $(A\cap B^c)\cap(B\cap A^c)=\varnothing$ 이므로,

$P(A\triangle B)=P(A\cap B^c)+P(B\cap A^c)$ 이다.

그런데, (a)에서 $P(A\cap B^c)=a-c$ 이므로, 같은 방법으로,

$P(B\cap A^c)=b-c$ 이다.

따라서, $P(A\triangle B)=(a-c)+(b-c)=a+b-2c$ 이다.

**1.2** $P(A\cap B)=P(A)+P(B)-P(A\cup B)$

$$=[1-P(A^c)]+[1-P(B^c)]-p(A\cup B)$$

$$=1-P(A^c)-P(B^c)+[1-P(A\cup B)]$$

$$\geq 1-P(A^c)-P(B^c) \ \ (\because P(A\cup B)\leq 1\ )$$

(1.3) $P(A\cap B^c)=P(A)-P(A\cap B)=\ 0.2$ 이고,

$P(B)=1-P(B^c)=1-0.7=0.3$ 이므로,

$$P(A\cup B)=P(A)+P(B)-P(A\cap B)$$

$$=[P(A)-P(A\cap B)]+P(B)$$

$$=0.2+0.3=0.5\ .$$

(1.4) (a) $A\cap B=\varnothing$ 이므로, $P(A\cap B)=0$,

따라서, $P(A\cup B)=P(A)+P(B)-P(A\cap B)$

$$=0.3+0.45-0=0.75\ .$$

(b) $P(A^c\cup B^c)=P((A\cap B)^c)=1-P(A\cap B)=1-0=1\ .$

(c) $P(A^c\cap B)=P(B)-P(A\cap B)=0.45-0=0.45\ .$

(1.5) 공정한 주사위 2개를 던지는 확률적인 실험에서,

$|\Omega|=36$ 이고 $A=\{(1,\ 6),\ (2,\ 5),\ (3,\ 4),\ (4,\ 3),\ (5,\ 2),\ (6,1\ )\}$

이므로, $P(A)=\dfrac{|A|}{|\Omega|}=\dfrac{6}{36}=\dfrac{1}{6}$, $|A|$ 는 A의 개수이고,

공정한 동전 하나를 5번 던지는 시행에서, $|\Omega| = 2^5$ 이고,

B={ HHHHT, HHHTH, HHTHH,HTHHH, THHHH }

이므로, $P(B) = \frac{|B|}{|\Omega|} = \frac{5}{2^5}$ 이다.

## 〈제2장〉

(2.1) 검은 공을 꺼낼 사건을 A, 흰공을 꺼낼 사건을 B 라고 하면, 2번째 추출에서 검은공을 꺼낼려면, 첫 번째 추출에서는 흰공을 뽑아야 한다. 그러므로, 그 사건의 확률은 $\frac{2}{3}$ 이다. 첫 번째 추출에서 흰공 이면, 2번 째 추출에서 검은공을 꺼낼 확률은 비복원 추출 이므로 $\frac{1}{2}$ 이다. 따라서, $P(A \mid B) = P(B)P(A \mid B) = \frac{2}{3}\frac{1}{2} = \frac{1}{3}$ 이다.

(2.2) 사건 A와 B가 서로 독립이므로, $P(A \cap B) = P(A)P(B) = 0.16$ ,

$$
\begin{aligned}
P(A)+P(B) &= P(A \cup B) + P(A \cap B) \\
&= [1 - P((A \cup B)^c)] + P(A \cap B) \\
&= (1-0.36) + 0.16 = 0.64 + 0.16 = 0.80
\end{aligned}
$$

2.3 $P(B \mid A)+P(B^c \mid A)=\dfrac{P(B\cap A)}{P(A)}+\dfrac{P(B^c\cap B)}{P(A)}$

$$=\frac{P(B\cap A)+P(B^c\cap A)}{P(A)}$$

$$=\frac{P(A)}{P(A)}=1$$ . 단 $P(A)>0$ 이다.

$$(\because P(B\cap A)+P(B^c\cap A)=P((B\cap A)\cup(B^c\cap A))=P(A)\ )$$

2.4 $P(A_1\cap A_2\cap\cdots\cap A_{n-1}\cap A_n)=P((A_1\cap(A_2\cap\cdots\cap A_{n-1})\cap A_n)$

$$=P(A_1\cap\cdots\cap A_{n-1})P(A_n \mid A_1\cap\cdots\cap A_{n-1})$$

$$=P((A_1\cap\cdots\cap A_{n-2})\cap A_{n-1})P(A_n \mid A_1\cap\cdots\cap A_{n-1})$$

$$=P(A_1\cap\cdots\cap A_{n-2})P(A_{n-1} \mid A_1\cap\cdots A_{n-2})$$

$$P(A_n \mid A_1\cap\cdots\cap A_{n-1})=\cdots$$

$$=P(A_1)P(A_2 \mid A_1)P(A_3 \mid A_1\cap A_2)\cdots$$

$$P(A_{n-1} \mid A_1\cap\cdots A_{n-2})P(A_n \mid A_1\cap\cdots\cap A_{n-1})\ .$$

## 〈제3장〉

3.1 G. R. Grimmett and D. R Stirzaker, *Probability and Random Processes*, Oxford, 2001. p14, 연습문제 1.5의 5번 참조

주어진 C에 대하여, 두 사건 A와 B가 조건부 독립(conditionally

independent) 일 때 성립한다.

**3.2** $P(A_1 \cup A_2 \cup \cdot\cdot\cdot \cup A_n) = 1 - P((A_1 \cup A_2 \cup \cdot\cdot\cdot \cup A_n)^c)$

$= 1 - P(A_1^c \cap A_2^c \cap \cdot\cdot\cdot \cap A_n^c)$

$= 1 - P(A_1^c)P(A_2^c) \cdot\cdot\cdot P(A_n^c)$ ($\because A_1, A_2, \ldots, A_n$이 서로 독립 )

$= 1 - \prod_{i=1}^{n}(1 - P(A_i))$ .

**3.3** 2번으로부터, $P(\cup_{i=1}^{n} A_i) = 1 - \prod_{i=1}^{n}(1 - P(A_i))$ 이고, $P(A_i) = p$, i=1, ⋯, n 이므로, $P(\cup_{i=1}^{n} A_i) = 1 - \prod_{i=1}^{n}(1 - P(A_i)) = 1 - (1-p)^n$ 이다.

**〈제4장〉**

**4.1** 결과 공간 $\Omega = \{(1,\ 1), \cdots, (6,\ 6)\}$ 이고, 주어진 사건 $A = \{(3,\ 4), (4,\ 3)\}$ 이므로, $P(A) = \frac{2}{36} = \frac{1}{18}$ .

(4.2) 표본 공간 $\Omega = \{$ HHH, HHT, HTH, THH, HTT, THT, TTH, TTT $\}$ 이므로, $P(X=2) = P(\{ \text{HHT, HTH, THH} \}) = \frac{3}{2^3} = \frac{3}{8}$ .

**〈제5장〉**

(5.1) (a) $F_X(-1) = P(X \leq -1) = \sum_{u \leq -1} P(X=u) = P(X = -1) = \frac{1}{4}$ .

(b) $F_X(0) = \sum_{u \leq 0} P(X=u) = P(X = -1) + P(X = 0) = \frac{1}{4} + \frac{1}{2} = \frac{3}{4}$.

(c) $F_X(1) = \sum_{u \leq 1} P(X=u) = P(X = -1) + P(X = 0) + P(X = 1)$

$$= \frac{1}{4} + \frac{1}{2} + \frac{1}{4} = 1 .$$

(5.2) (a) $a \leq \frac{2a+b}{3} \leq b$ 이므로,

$$P(X \leq \frac{2a+b}{3}) = F(\frac{2a+b}{3}) = \frac{\frac{2a+b}{3} - a}{b-a} = \frac{1}{3} .$$

(b) $P(|X| \leq \frac{1}{2}) = P(-\frac{1}{2} \leq X \leq \frac{1}{2})$

$$= P(X \leq \frac{1}{2}) - P(X \leq -\frac{1}{2}) = F(\frac{1}{2}) - F(-\frac{1}{2})$$

$$=\frac{\frac{1}{2}-(-3)}{7}-\frac{-\frac{1}{2}-(-3)}{7}=\frac{1}{7}\ .$$

$$\left(\ F(x)=\frac{x+3}{7},\quad -3\le x\le 4\ \right)$$

(4.3) $P(X>10)=1-P(X\le 10)$

$$=1-F(10)=1-(1-e^{-10})=e^{-10}\ .$$

(4.4) (a) $-1<x<0$ 일 때,

$$F_X(x)=\int_{-1}^{x} f_X(u)du=\int_{-1}^{x}-udu=-\frac{x^2}{2}+\frac{1}{2}\ ,$$

(b) $0<x<1$ 일 때,

$$F_X(x)=\int_{x}^{1} f_X(u)du=\int_{x}^{1}udu=\frac{1}{2}+\frac{x^2}{2}\ ,$$

(c) $x\ >\ 1$ 일 때, $F_X(x)=\int_{-1}^{1} f_X(x)dx\ +\int_{1}^{x} f_X(u)du$

$$=\int_{-1}^{0}(-x)dx+\int_{0}^{1}xdx+\int_{1}^{x}0du$$

$$=\frac{1}{2}+\frac{1}{2}+0=1\ .$$

**〈제6장〉**

**6.1** $F(x)=P(X \le x)=P(X<x)+P(X=x)=P(X<x)+p(x)$ .

**6.2** $P(X>n)=\sum_{k=n+1}^{\infty} P(X=k)=p(1-p)^n+p(1-p)^{n+1}+\cdot\cdot\cdot$

$$=p(1-p)^n \ \{1+(1-p)+(1-p)^2+\cdot\cdot\cdot\}$$

$$=p(1-p)^n\frac{1}{1-(1-p)}$$

$$=(1-p)^n \ .$$

**6.3** $X \sim P(\lambda)$ 이므로,

(a) $\frac{P(X=n+1)}{P(X=n)}=\frac{e^{-\lambda}\lambda^{n+1}}{(n+1)!}\frac{n!}{e^{-\lambda}\lambda^n}=\frac{\lambda}{n+1}$ .

(b) $\sum_{n=0}^{\infty}P(X=2n)=\sum_{n=0}^{\infty}e^{-\lambda}\frac{\lambda^{2n}}{(2n)!}=e^{-\lambda}\sum_{n=0}^{\infty}\frac{\lambda^{2n}}{(2n)!}$

$$=e^{-\lambda}(\frac{e^{\lambda}+e^{-\lambda}}{2})=\frac{1}{2}(1+e^{-2\lambda})$$

$(\because e^{\lambda}=1+\lambda+\frac{\lambda^2}{2!}+\frac{\lambda^3}{3!}+\cdots e^{-\lambda}=1-\lambda+\frac{\lambda^2}{2!}-\frac{\lambda^3}{3!}+\cdots)$

(6.4) $X \sim P(\lambda)$ 이고, $P(X=0)=\dfrac{e^{-\lambda}\lambda^0}{0!}=e^{-\lambda}=0.00012$ 이므로,

$\lambda=-\ln(0.oo12)\approx 9$ .

(6.5) $X \sim B(n=10, p=0.2)$ 이므로,

$$P(X \geq 2)=1-P(X=0)-P(X=1)$$
$$=1-\binom{10}{0}(0.2)^0(0.8)^{10}-\binom{10}{1}(0.2)^1(0.8)^9 \;=0.623.$$

(6.6) $X \sim B(10, 0.2)$ 이므로,

$$P(X \geq 2 \mid X \geq 1)=\frac{P(X \geq 2, X \geq 1)}{P(X \geq 1)}$$
$$=\frac{P(X \geq 2)}{P(X \geq 1)}=\frac{0.623}{0.892}=0.698 \;.$$
$$(P(X \geq 1)=1-\binom{10}{0}(0.2)^0(0.8)^{10}=0.892 \;)$$

**〈제7장〉**··································································

(7.1) $X \sim E(\lambda=0.25)$ 이므로,

$$P(X>5)=1-P(X \leq 5)=1-(1-e^{-0.25\times 5})$$
$$=e^{-0.25\times 5}=e^{-1.25}=0.2865 \;.$$

(7.2) $Z \sim N(0,1^2)$에서, $x>0$에 대하여, $P(Z \le x) > P(Z \le 0) = 0.5$ 이므로,

$P(Z \le x) > 0.5$ ,  $x > 0$ .

(7.3) $P(\frac{1}{2} < X \le \frac{3}{4}) = F(\frac{3}{4}) - F(\frac{1}{2}) = \frac{9}{16} - \frac{1}{4} = \frac{5}{16}$ .

(7.4) (a) $f(x) = F'(x) = \dfrac{1}{1+x^2}$ , $0 \le x < \infty$ .

(b) $P(X \le a) = F(a) = \dfrac{a}{1+a} = \dfrac{1}{2} \Rightarrow a = 1$ .

(7.5) (a) $F(x) = \int_{-\infty}^{x} f_X(u)du$ , $f_X(x) = \dfrac{1}{b-a}$ , $a < x < b$ 이므로

(1) $x < a$ 이면, $F(x) = 0$ ,

(2) $a < x < b$ 이면, $F(x) = \dfrac{x-a}{b-a}$ .

(3) $x > b$ 이면, $F(x) = 1$ .

(b) $a = -b$ , $b > 0$ 일 때, $P(X < 1) = F(1) = \dfrac{1+b}{2b}$ 이고,

$3P(X > 1) = 3(1 - F(1)) = 3(1 - \dfrac{1+b}{2b})$ 이므로,

$\dfrac{1+b}{2b} = 3(1 - \dfrac{1+b}{2b})$ 이다. 즉, $1+b = 2b-3$, $b = 2$ .

(7.6) $f_X(x) = \lambda e^{-\lambda x}$ , $0 \le x < \infty$ 이므로,

$$F(x) = \int_0^x \lambda e^{-\lambda u} du = [-e^{-\lambda u}]_0^x$$

$$= 1 - e^{-\lambda x} , \quad 0 \le x < \infty .$$

## 〈제8장〉

(8.1) $Y = \frac{1}{X}$ 의 확률 밀도함수를 $f_Y(y)$라고 하면,

$$f_Y(y) = f_X(x) \left| \frac{dx}{dy} \right| = f_X\left(\frac{1}{y}\right) \left| -\frac{1}{y^2} \right|$$

$$= \frac{1}{\pi} \frac{1}{1+(\frac{1}{y})^2} \frac{1}{y^2} = \frac{1}{\pi} \frac{1}{1+y^2} , \quad -\infty < y < \infty .$$

그러므로, $\frac{1}{X}$은 X와 같이 Cauchy 분포를 갖는다.

(8.2) $W = X^2 + Y^2$ 의 분포함수를 $F(w)$라고 하면 ,

$$F(w) = P(W \le w) = P(X^2 + Y^2 \le w)$$

$$= \iint_{x^2+y^2 \le w} \frac{1}{2\pi} e^{-\frac{1}{2}(x^2+y^2)} dxdy = \frac{1}{2\pi} \int_0^{2\pi} \int_0^{\sqrt{w}} e^{-\frac{1}{2}r^2} r dr d\theta$$

$$= \frac{1}{2\pi} 2\pi \int_0^{\sqrt{w}} e^{-\frac{1}{2}r^2} r dr$$

$$= \int_0^w e^{-\frac{1}{2}u} \sqrt{u} \frac{1}{2\sqrt{u}} du \ , \ (r = \sqrt{u}) = \int_0^w \frac{1}{2} e^{-\frac{1}{2}u} du$$ 이다 .

그러므로, W의 확률 밀도함수를 f(w) 라고 하면,

$$f(w) = F'(w) = \frac{1}{2} e^{-\frac{w}{2}} = \frac{1}{\Gamma(\frac{2}{2}) 2^{\frac{2}{2}}} u^{\frac{2}{2}-1} \ e^{-\frac{w}{2}}, \quad o \leq w < \infty$$ 이므로,

$W \sim \Gamma(\frac{2}{2}, \frac{1}{2}) \equiv \chi^2(2)$ 이다.

(8.3) $Y = X^2$ 의 확률 밀도함수를 $f_Y(y)$라고 하면,

$$f_Y(y) = f_X(x) \left| \frac{dx}{dy} \right|$$

$$= [f_X(\sqrt{y}) + f_X(-\sqrt{y})] \left| \frac{1}{2\sqrt{y}} \right|$$

$$= \frac{1}{2\sqrt{y}} e^{-\sqrt{y}} \ , \ 0 \leq y < \infty \ .$$

〈제9장〉……………………………………………………………………………

(9.1) $$P(X < Y) = \int\int_{x<y} f(x,y) dxdy = \int_0^1 \int_0^y \frac{12}{5} xy(1+y) dxdy$$

$$= \int_0^1 \frac{6}{5} [y(1+y)y^2] dy = \frac{6}{5} \int_0^1 (y^3 + y^4) dy$$

$$= \frac{6}{5}(\frac{1}{4}+\frac{1}{5}) = \frac{54}{100} = \frac{27}{50} \ .$$

(9.2) $Z = X + Y$의 확률 밀도함수를 $f_Z(z)$라고 하면,

$$f_Z(z) = \int_0^z f_{x}(x) f_Y(z-x)dx = \int_0^z e^{-x} e^{-(z-x)}dx = e^{-z}\int_0^z dx$$

$$= ze^{-z} \ , \ 0 < z < \infty \ .$$

(9.3) $F_X(x) = \lim_{y\to\infty} F(x,y) = (1-e^{-x}) \ , \ 0 \le x < \infty \ .$

$F_Y(y) = \lim_{x\to\infty} F(x,y) = (1-e^{-y}) \ , \ 0 \le y < \infty$ 이므로,

$F(x,y) = F_X(x)F_Y(y), \ 0 \le x,y < \infty$ 이다

그러므로, X와 Y가 서로 독립이다.

(9.4) (a) $f_X(x) = \int_0^2 \frac{1}{8}(x+Y)dy = \frac{1}{4}(x+1) \ , \ 0 \le x \le 2 \ ,$

$f_Y(y) = \int_0^2 \frac{1}{8}(x+y)dx = \frac{1}{4}(y+1) \ , \ 0 \le y \le 2$

이라서, $f(x,y) \neq f_X(x)f_Y(y)$ 이다.

그러므로 , X 와 Y 는 서로 독립이 아니다.

(b) $P(|X-Y|>1)=2\int_1^2\int_0^{x-1}\frac{1}{8}(x+y)dydx$

$=\frac{1}{4}\int_1^2[x^2-x+\frac{(x-1)^2}{2}]dx$

$=\frac{1}{4}\{(\frac{8}{3}-2+\frac{1}{6})-(\frac{1}{3}-\frac{1}{2})\}$

$=\frac{1}{4}$ .

9.5 (a) P( X 혹은 Y 중 정확히 하나가 0.9 보다 큰 사건 )

$=P(X>0.9, Y<0.9)+P(X<0.9, Y>0.9)$

$=2P(X>0.9)P(Y<0.9)$

$=2(\int_{0.9}^1 2xdx)(\int_0^{0.9}2ydy)$ ($\because f_X(x)=2x$ , $f_Y(y)=2y$ )

$=0.3078$ .

(b) $P(X+Y>1)=\int_0^1\int_x^1(4xy)dydx = \frac{1}{2}$.

## 〈제10장〉

10.1 $E(X)=1\cdot\frac{1}{5}+2\cdot\frac{1}{5}+4\cdot\frac{1}{5}+8\cdot\frac{1}{5}+16\cdot\frac{1}{5}=\frac{31}{5}=6.2$ .

10.2 $E(X) = \int_{2}^{5} (x \cdot \frac{1}{3}) dx = \frac{7}{2}$ .

10.3 $E(2^X) = \sum_{x=0}^{1} 2^x p(x) = 1 \cdot (1-p) + 2 \cdot p = 1 + p$ .

10.4 함수 $g(x)=e^{-x}$라고 하면, $g''(x) = e^{-x} > 0$ 이다. 따라서, g는 볼록 함수(convex function) 이다. 그러므로, 볼록 함수에 관한 Jensen 부등식 : $g(E(X)) \leq E(g(X))$, 이 성립한다.

그런데, $Var(x)=E(X^2) - E(X)^2 > 0$ 이므로,

$e^{-E(X)} < E(e^{-X})$ 이다 .

10.5 (a) $E(X) = \int_{-1}^{1} x\,|\,x\,|\,dx = 0$ .

(b) $Var(X) = E(X^2) - E(X)^2 = E(X^2) = \int_{-1}^{1} x^2\,|\,x\,|\,dx$

$$= \int_{-1}^{0} (-x^3) dx + \int_{0}^{1} x^3 dx = \frac{1}{2} .$$

## 〈제11장〉

**11.1** (a) $E(X+Y)=(0+0)\cdot 0+(0+1)\cdot \frac{1}{4}+(0+2)\cdot 0$

$$+(1+0)\cdot \frac{1}{4}+(1+1)\cdot 0+(1+2)\cdot \frac{1}{4}$$

$$+(2+0)\cdot 0+(2+1)\cdot \frac{1}{4}+(2+2)\cdot 0$$

$$=2\ ,$$

$$E(X)=0\cdot \frac{1}{4}+1\cdot \frac{1}{2}+2\cdot \frac{1}{4}=1,$$

$$E(Y)=0\cdot \frac{1}{4}+1\cdot \frac{1}{2}+2\cdot \frac{1}{4}=1.$$

$$(\because p_X(0)=\frac{1}{4}, p_X(1)=\frac{1}{2}, p_X(2)=\frac{1}{4},$$

$$p_Y(0)=\frac{1}{4}, p_Y(1)=\frac{1}{2}, p_Y(2)=\frac{1}{4})$$

(b) $0=P(X=0, Y=0)\neq P(X=0)P(Y=0)=\frac{1}{4}\frac{1}{4}=\frac{1}{16}$

이므로, X와 Y는 서로 독립이 아니다 .

(c) $E(XY)=(1\cdot 2)\cdot \frac{1}{4}+(2\cdot 1)\cdot \frac{1}{4}=1$ 이고

$E(X) = E(Y) = 1$ 이므로,

$Cov(X, Y) = E(XY) - E(X)\ E(Y) = 0$ 이다.

그러므로, X 와 Y 는 서로 관련이 없다(uncorrelated).

11.2 (a) $\mathrm{Cov}(X,\ Y) = E(XY) - E(X)E(Y)$

$$= \frac{117}{50} - \frac{109}{50} \cdot \frac{157}{100} = -\frac{13}{5000} < 0 \ .$$

(b) $\mathrm{Cov}(-2X+7,\ 5Y-3) = -2 \cdot 5 \cdot (-\frac{13}{5000}) = \frac{13}{500}$ .

11.3 $$\rho_{WT} \equiv \rho(--2X+7, 5Y-3) = \frac{\mathrm{Cov}(-2X+7, 5Y-3)}{\sqrt{\mathrm{Var}(-2X+7)}\sqrt{\mathrm{Var}(5Y-3)}}$$

$$= \frac{\frac{13}{500}}{\sqrt{4\mathrm{Var}(X) \cdot 25\mathrm{Var}(Y)}} \quad \text{(2번 (b) 이용)}$$

$$= \frac{\frac{13}{500}}{\sqrt{\frac{3956}{2500} \cdot \frac{19775}{10000}}} = 0.0147 \ .$$

11.4 $E(X) = \int_0^1 x f_X(x)dx = \int_0^1 (x \cdot 3x^2)dx = \frac{3}{4}$,

$E(Y) = \int_0^1 y f_Y(y)dy = \int_0^1 y \cdot (3 - 3\sqrt{y})dy = \frac{3}{10}$.

$\mathrm{Var}(X) = E(X^2) - E(X)^2 = \frac{3}{80}$, $\mathrm{Var}(Y) = E(Y^2) - E(Y)^2 = \frac{37}{700}$ ,

$E(XY) = \frac{1}{4}$ 이므로, $\rho_{XY} = \frac{E(XY) - E(X)E(Y)}{\sqrt{\mathrm{Var}(X)\mathrm{Var}(Y)}} = \sqrt{\frac{35}{111}}$ .

## 〈제12장〉

(12.1) $f_X(x) = \int_0^1 12xy(1-y)dy = 12x(\frac{1}{2} - \frac{1}{3}) = 2x,\ 0 < x < 1,$

$f_Y(y) = \int_0^1 12y(1-y)xdx = 12y(1-y)\frac{1}{2} = 6y(1-y),\ 0 < y < 1$이므로,

$f(x,y) = f_X(x)f_Y(y)$ 이다. 따라서, X 와 Y 가 서로 독립이다.

(12.2) $f_X(x) = \int_0^x 2e^{-(x+y)}dy = 2e^{-x} - 2e^{-2x}\ ,\ x \geq 0\ ,$

$f_Y(y) = \int_y^\infty 2e^{-(x+y)}dx = 2e^{-2y}\ ,\ y \geq 0\ .$

## 〈제13장〉

(13.1) $P(X \geq 3) = P(\frac{X-3}{2} \geq \frac{3-3}{2}) = P(Z \geq 0) = 0.5\ (\ \because Z \sim N(0,1^2)\ )$

$P(X \leq 1) = P(\frac{X-3}{2} \leq \frac{1-3}{2})$

$= P(Z \leq -1) = \Phi(-1)$

$= 1 - \Phi(1)$

$= 1 - 0.8413 = 0.1587\ .$

(13.2) $P(X \le 5) = P(\frac{X-4}{5} \le \frac{5-4}{5}) = P(Z \le 0.2) = \Phi(0.2) = 0.5793$ .

$$P(X \ge 2) = P(\frac{X-4}{5} \ge \frac{2-4}{5})$$

$$= P(Z \ge -0.4) = 1 - \Phi(-0.4)$$

$$= 1 - (1 - \Phi(0.4))$$

$$= \Phi(0.4) = 0.6554$$ .

(13.3) $P(|X - 0.20| \le 0.2) = P(0.20 - 0.2 \le X \le 0.20 + 0.2)$

$$= P(\frac{0.20 - 0.2 - 0.20}{\sigma} \le \frac{X - 0.20}{\sigma} \le \frac{0.20 + 0.2 - 0.20}{\sigma})$$

$$= P(\frac{-0.2}{\sigma} \le Z \le \frac{0.2}{\sigma})$$

$$= \Phi(\frac{0.2}{\sigma}) - \Phi(\frac{-0.2}{\sigma})$$

$$= \Phi(\frac{0.2}{\sigma}) - (1 - \Phi(\frac{0.2}{\sigma}))$$

$= 2\Phi(\frac{0.2}{\sigma}) - 1 = 0.95$ 이므로,

$\Phi(\frac{0.2}{\sigma}) = 0.975$ 이다.

따라서, $\frac{0.2}{\sigma} = 1.960$ .

그러므로, $\sigma = \frac{0.2}{1.960} = 0.1020$ .

**〈제14장〉**

(14.1) $X \sim E(1)$ 이므로, $\mu = E(X) = 1$ 이고 $\sigma^2 = Var(X) = 1$ 이다.

그러므로, $P(\,|X-\mu| < k\sigma) = P(\,|X-1| < k)$

$$= P(1-k < X < 1+k)$$

$$= P(X < 1+k) = 1 - e^{-(1+k)} \text{ 이고 },$$

Chebyshev 부등식을 이용하면,

$$P(\,|X-\mu|\,k\sigma) = P(\,|X-1| < k) \geq 1 - \frac{1}{k^2}$$

여기서, k=1 이면, 하계는 0 ,

k=2 이면, 하계는 0.75 ,

k=3 이면, 하계는 $\frac{8}{9}$ 이다.

(14.2) $P(\,|X-\mu| \geq 1.96\sigma) = P(\frac{X-\mu}{\sigma} \geq 1.96) = P(Z \geq 1.96) = 1 - \Phi(1.96)$

$= 1 - 0.975 = 0.025$ 이고, Chebyshev 부등식을 이용하면,

$$P(\,|X-\mu| \geq 1.96\sigma) \leq \frac{1}{(1.96)^2} = 0.2603 \quad .$$

## 〈제15장〉

**15.1** (a) $Y_i \equiv X_i^2$ 라고 하면,

$$\lim_{n\to\infty} P(|T_n - \mu| > \epsilon)$$

$$= \lim_{n\to\infty} P\left(\left|\frac{Y_1 + Y_2 + \cdot\cdot\cdot + Y_n}{n} - E(Y_i)\right| > \epsilon\right)$$

$$\le \lim_{n\to\infty} \frac{Var(Y_i)}{n\epsilon^2} = 0 \quad (\because \text{ Chebyshev 부등식에 의하여})$$

따라서, $\lim_{n\to\infty} P(|T_n - \mu| > \epsilon) = 0$ , 여기서, $\mu = E(X_i^2)$ .

(b) $\mu = E(X_i^2) = \int_{-1}^{1} x^2 \frac{1}{2} dx = \frac{1}{3}$ .

**15.2** B. R. Bhat, Modern Probability Theory 의 p.200 정리 10.10 Kolmogorov의 대수의 강법칙을 참고바람.

## 〈제16장〉

**16.1** $M_X(t) = E(e^{tX}) = E(e^{t\sum_{i=1}^{n} X_i})$

$$= \prod_{i=1}^{n} E(e^{tX_i}) \quad (\because \ X_1, X_2, \cdot\cdot\cdot, X_n \text{이 서로 독립이므로})$$

$$= \prod_{i=1}^{n}(pe^{t}+1-p)\left(\because E(e^{tX_i}) = \sum_{x=0}^{1} e^{tx}p(x) = 1\cdot(1-p)+e^{t}\cdot p\right)$$

$$= (pe^{t}+1-p)^{n} \ .$$

16.2 (a) $M_{\sum_{i=1}^{n}}(t) = E(e^{t\sum_{i=1}^{n}X_i})$

$$= \prod_{i=1}^{n} E(e^{tX_i}) \quad (\because \ X_1, X_2, \cdot\cdot\cdot, X_n \text{ 이 서로 독립})$$

$$= \prod_{i=1}^{n} M(t)$$

$$= [M(t)]^{n} \ .$$

(b) $M_{\frac{\sum_{i=1}^{n}X_i}{n}}(t) = E(e^{t\frac{\sum_{i=1}^{n}X_i}{n}}) = \prod_{i=1}^{n} E(e^{(\frac{t}{n})X_i}) = \prod_{i=1}^{n} M(\frac{t}{n}) = [M(\frac{t}{n})]^{n}.$

〈제17장〉……………………………………………………………………………

17.1 $\phi_X(t) = \int_{-\infty}^{\infty} e^{x}\frac{1}{\pi}\frac{1}{1+x^2}dx = \frac{1}{\pi}\int_{-\infty}^{\infty}\frac{e^{x}}{1+x^2}dx$

$$= \frac{1}{\pi}2\pi i \ \ \mathrm{Res}(\frac{e^{i|t|z}}{1+z^2}, \ i \ )$$

$$=\frac{1}{\pi}\cdot 2\pi i\cdot\frac{e^{-|t|}}{2i}$$

$$=e^{-|t|}\quad .$$

(17.2) 역 Fourier 변환(Inverse Fourier Transfrom) 정리에 의하여,

$f_X(x)=\frac{1}{2\pi}\int_{-\infty}^{\infty}M_X(t)e^{-x}dt=\lim_{T\to\infty}\frac{1}{2\pi}\int_{-T}^{T}M_X(t)e^{-x}dt$ 이다.

## 〈제19장〉

(19.1) (a) $f_X(x)=\int_0^1\frac{4}{5}\frac{x+y}{x^3}dy=\frac{4}{5}(\frac{1}{x^2}+\frac{1}{2x^3}),\ 1\le x<\infty,$

$$f_{Y|X}(x,y)=\frac{f(x,y}{f_X(x)}=\frac{\frac{4}{5}\frac{x+y}{x^3}}{\frac{4}{5}(\frac{1}{x^2}+\frac{1}{2x^3})}=\frac{2(x+y)}{2x+1},\ 0\le y\le 1.$$

(b) $P(0<Y<\frac{1}{2}\mid X=2)=\int_0^{\frac{1}{2}}f_{Y|X}(2,y)dy=\int_0^{\frac{1}{2}}\frac{2}{5}(2+y)dy$

$$=\frac{9}{20}.$$

(c) (1) $P(X>a)=\int_a^{\infty}\frac{4}{5}(\frac{1}{x^2}+\frac{1}{2x^3})dx=\frac{4}{5}(\frac{1}{a}+\frac{1}{4a^2})$ ,

(2) $P(0 < Y < \frac{1}{2}, X > a) = \int_a^{\infty}\int_0^{\frac{1}{2}} \frac{4}{5}\frac{x+y}{x^3}dydx = \frac{4}{5}(\frac{1}{2a} + \frac{1}{16a^2})$

(3) $P(0 < Y < \frac{1}{2} \mid X > a) = \dfrac{P(0 < Y < \frac{1}{2}, X > a)}{P(X > a)}$

$$= \frac{\frac{4}{5}(\frac{1}{2a} + \frac{1}{16a^2})}{\frac{4}{5}(\frac{1}{a} + \frac{1}{4a^2})} = \frac{1}{4}\frac{8a+1}{4a+1} = \frac{5}{16}$$

이면, $a = \frac{1}{12}$ .

**19.2** $E(Y \mid X = x) = \int_x^{2x} y f_{Y \mid X}(x,y)dy$

$$= \int_x^{2x} y\frac{2(8-y)}{x(16-3x)}dy$$

$$= \frac{2x(36-7x)}{3(16-3x)} , \quad 0 < x < 2.$$

## 〈제20장〉

**20.1** $(\frac{78}{125} - p)^2 - \frac{(1.96)^2}{125}p(1-p) < 0$ 을 풀면, $0.54 < p < 0.70$ .

**20.2** $1.82 < \lambda < 2.43$

(20.3) 79. 0395 < $\mu$ < 84.9605

## 〈제21장〉

(21.1) $\chi^2$검정 통계량을 사용하면, 귀무가설 $H_0$를 채택한다 .

(21.2) 임계 영역 이: $|Z| > z_{0.01} = 2.326$ 이므로 귀무가설 $H_0$를 채택한다.

(21.3) 유의 수준 $\alpha = 1 - \Phi(\frac{1.5-1}{0.2}) = 1 - \Phi(2.5) = 1 - 0.994 = 0.006$ ,

$\beta = \Phi(\frac{1.5-\mu}{0.2})$ 이고, 검정력 $K(\mu) = 1 - \beta = 1 - \Phi(\frac{1.5-\mu}{0.2})$ 이다.

# 찾아보기

### ㅇ



### ㅈ



### ㅊ



### ㅋ

ⓣ



ⓟ



ⓗ



Ⓑ



Ⓒ



Ⓓ



Ⓕ

**확률과 통계**

2010년 3월 2일 초판 발행
2023년 7월 10일 초판 2쇄 발행

지은이 / 이현덕
펴낸이 / 오판근
펴낸곳 / 교우사

주 소 / 서울 동대문구 제기2동 148-19
전 화 / 925-2861(代), 편집부 / 925-2825
팩 스 / 925-2860

E-mail / kyowoo@kyowoo.co.kr
http://www.kyowoo.co.kr

출판등록 / 1994. 3. 24 제6-0256호

ISBN 978-89-8172-847-2 (93410)

값 14,000 원